U0163215

神奇的鸟类

（英）马特·休厄尔 / 著　冯康乐 / 译

北京联合出版公司
Beijing United Publishing Co.,Ltd.

目录

致谢

献给杰斯、罗米和梅（我的金翅雀们）

序言

我最难忘的观鸟时刻有这么几个：幼时在爸爸的汽车后座望向窗外；在英国，我和女儿们一起散步所见；在印度的出租车上，或坐在澳大利亚维多利亚的一个阳台上。曾有一些极好的向导带我赏鸟，我也曾专门旅行去观鸟，但真正特别的时刻是那种偶然邂逅的美丽，我喜欢与其他人分享——朋友、家人或陌生人。

本书中的鸟，是我个人挑选的世界上最神奇、最美丽、最奇怪、最吓人、速度最快、最迷人的鸟。有些是珍稀物种，极为独特，但同样也有一些你每天都能看到。这是鸟儿世界给我们最大的礼物；它们无处不在，树林里，天空中，它们歌唱，鸣叫，还在民间传说和谚语中留下痕迹。我们需要各尽绵薄，任何时候都要向它们表示谢意。

我们能够帮助保护这些令人惊叹的生物，通过消费者的力量，或是通过帮助专门的慈善机构，阻止人类的扩张吞噬它们的世界。

所以，不要把我们珍爱的鸟儿视为理所当然之物，记住总是抬头环顾四周，因为你可能随时感到惊喜。鸟儿们的世界太精彩！

说明一下，本书中并排的鸟儿插图并不都是按比例绘制。每种鸟的尺寸已列出，大小一目了然。

接下来尽情享受本书吧。无论你在哪里，都可以出门看看鸟儿！

马特·休厄尔

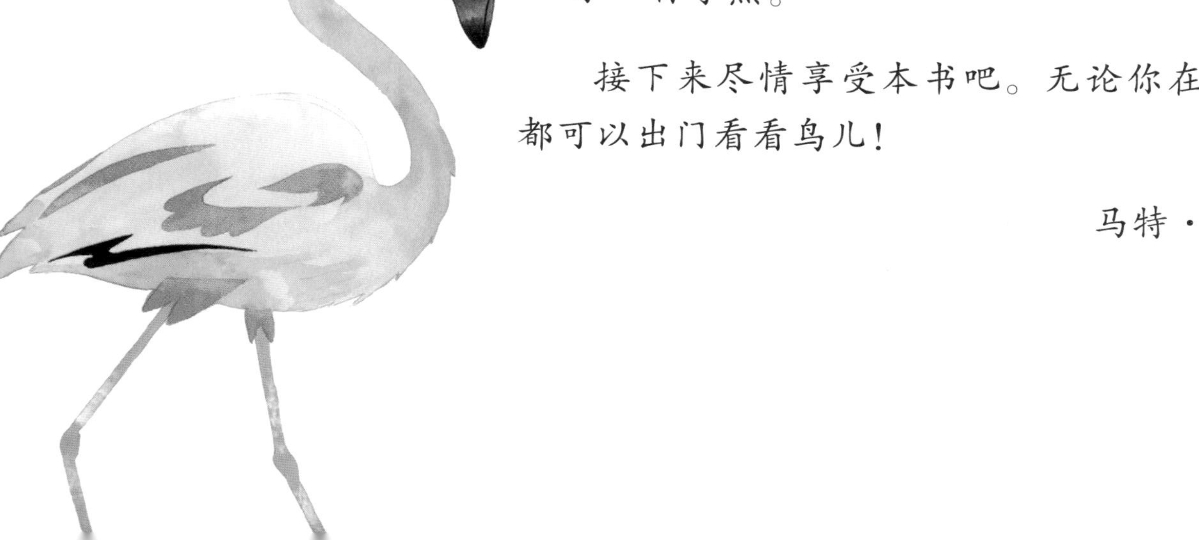

欧洲

欧洲面积超过1000万平方千米，由约50个主权国家组成，其中俄罗斯最大。该大陆南邻地中海，北临北冰洋，西面是大西洋。气候在很大程度上受大西洋暖流的影响，这意味着在靠近海岸的地方，天气往往不会太热或太冷。这种气候条件非常适合我们长羽毛的朋友生存。在更远的内陆，天气可能会更极端。

欧洲大约有700种鸟，数量并非最多，但有些却美妙绝伦——令人惊奇的猛禽、美丽的猫头鹰、微小的旋壁雀，以及强壮而弹跳力强的海鸟。

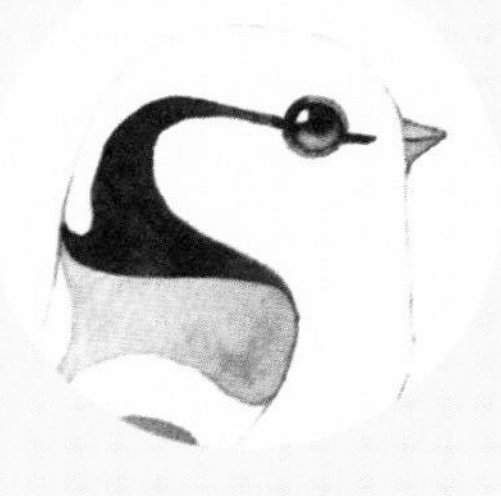

蓝胸佛法僧

体长：29—32 厘米
栖息地：
  夏季：南欧、中东
  冬季：非洲

这种迷人的青色小家伙是一种候鸟，夏天它们栖息在南欧和中东，而冬天它们会飞往非洲。这意味着，许多国家的观鸟爱好者能够看到它们在空中盘旋转弯时的可爱颜色，欣赏到它们令人印象深刻的飞行表演。不过，你可能不想碰见雏鸟——它们会吐出一种难闻的液体，以逼退捕食者。

伊比利亚灰喜鹊

体长：44—46 厘米
栖息地：葡萄牙 / 西班牙边境

它们的体型和大小可能与普通的黑白喜鹊相似，但伊比利亚灰喜鹊看起来更像其近亲——东亚的灰喜鹊。东亚距伊比利亚半岛近 9000 千米，这两种鸟是怎么联系到一起的呢？起初，人们认为伊比利亚灰喜鹊可能是 15 世纪造访日本的水手们带回来的，但在伊比利亚发现的灰喜鹊化石却可以追溯到 4 万年前。这一切都还是个谜！

大西洋鹱

体长：30—35 cm
栖息地：西北大西洋海岸线，包括马恩岛（夏季）；巴西、阿根廷（冬季）。

这种海鸟飞行能力很强，在爱尔兰、法国、冰岛和英国海岸的悬崖边生活——尤其是在马恩岛，它们就是以马恩岛的名字命名的（Manx shearwater）。它们也在威尔士繁殖，然后起航前往南美洲过冬。这与 19 世纪 60 年代的一位威尔士牧师带领一群人移民阿根廷的旅程非常相似，超过五千人讲巴塔哥尼亚式的威尔士语，威尔士的巴拉伯里斯面包也出现在当地的菜单上。大西洋鹱一定会有宾至如归的感觉，有些大西洋鹱每年往返于南美洲和威尔士的斯科默岛之间，行程达 22000 千米。2003 年的数据显示，最年长的大西洋鹱有 55 岁。在它们有生之年，它们的飞行距离可以很轻松地超过 1100 万千米——对于一个古代水手来说，这个数据相当了不起。

红嘴山鸦

体长：39—40 厘米
栖息地：南欧、中东和英国的康沃尔

乌鸦家族——从笨重的大乌鸦到小灰鸦——都很酷，但最酷的肯定是红嘴山鸦。你需要亲眼看到它们，才能理解它们的名字，因为当它们从你的头顶上飞过时，你会听到沙哑的“喳喳”声[①]。不过，让它们变得超酷的原因可能是它们令人惊异的外表——将经典的乌鸦黑与鲜红色的附属物混合在一起。那弯曲的深红色喙看起来像是由最坚硬的、最有光泽的、最防碎的红色塑料制成的。红嘴山鸦遍布整个南欧和中东的山腰和悬崖边缘。然而，真正激发人们想象力的是英国康沃尔的红嘴山鸦。那里的红嘴山鸦曾是当地鸟群中重要而且非常出名的一部分，但现在已经从该地区完全消失了。2001 年，一些红嘴山鸦从爱尔兰飞到那里，在一个保护和监测它们项目的帮助下，它们重新定居在康沃尔海岸，现在数量正在增加。

做得好！

① 鸟名 Red-billed chough，叫声似 chough [tʃʌf]。

太平鸟

体长：16—20 厘米

栖息地：

夏季：北斯堪的纳维亚、俄罗斯、美国、加拿大

冬季：南斯堪的纳维亚、东欧、中亚、日本

太平鸟是一种斯堪的纳维亚的林鸟。它们色调柔和，棱角分明，翅羽如画，如滴下的封蜡。看起来与它们的亲戚——来自日本的小太平鸟和来自北美的雪松太平鸟几乎一模一样，这些打扮靓丽的鸟栖息在树上和灌木丛，剥树上的浆果吃，看起来就像圣诞节的饰品一样。它们有时还会享用发酵的水果，最后大醉！幸运的是，太平鸟不会酒后驾车，因为它们是短途飞行的候鸟，只需避开向南侵袭的极地冷气团。如果英国的浆果收成不好或者斯堪的纳维亚半岛正值严冬，我们就可以看到太平鸟。这就是我总是希望下雪的原因——祈祷能见到太平鸟。

北噪鸦

体长：30 厘米
栖息地：斯堪的纳维亚、俄罗斯北部、蒙古、中国北部

可爱的北噪鸦裹着冬天的外套，生活在斯堪的纳维亚、俄罗斯、蒙古和中国北部的严寒中。它们看起来像是穿着时髦的 20 世纪 70 年代棕橙色衣服！这种令人惊叹的鸦类一年四季都栖息在上面列出的国家和地区广袤、寒冷的针叶林中。在针叶树的树冠上，北噪鸦以种子、蜘蛛和蜗牛为食，同时避开出没于树林中的苍鹰和猫头鹰。瑞典科学家发现，北噪鸦的音域极其复杂。虽然大部分时候它们都很沉默，但它们会使用各种叫声与家人沟通并驱散入侵者。其中一种叫声是令人惊恐的尖叫声，与秃鹰的叫声一样。

粉红椋鸟

体长：21 厘米

栖息地：

夏季：东欧、中亚

冬季：印度、斯里兰卡

粉红椋鸟是印度和斯里兰卡的冬季游客，之后它们会返回欧洲繁殖。雄性粉红椋鸟的头顶羽毛看起来像上了发胶，身着彩色的 V 领毛衣。这种鸟成群结队地唱着尖厉而轻快的歌，帮助农民清除牧草上的害虫。它们似乎正在向西扩张——在英国，时不时地也能发现它们——会有越来越多的人感受到它们的魅力，欣赏到它们时髦又随意的装扮。

乌林鸮

体长：61—84 厘米
栖息地：芬兰、瑞典、俄罗斯、蒙古、加拿大、美国

在白雪覆盖的北方森林中，生活着令人惊叹的乌林鸮——世界上最大的猫头鹰，也很有可能是地球上保温最好的动物。它们体型很大，但体重并不大。这是因为它们的保温羽毛使它们看起来比实际体型大很多，浓密的羽毛使它们的高度增加了几厘米。在它们所居的冷酷气候中，这种保温作用是非常需要的。乌林鸮也非常善于发现猎物。和大多数猫头鹰一样，它们有复杂的外耳结构，隐藏在面部边缘的羽毛下面。这个系统非常精确，以至于乌林鸮可以在厚厚的积雪下发现暗道中爬行的老鼠。然后，它们会从树上直冲下来，用仿佛带着羊毛手套的爪子挖进冻土，抓住老鼠享用。

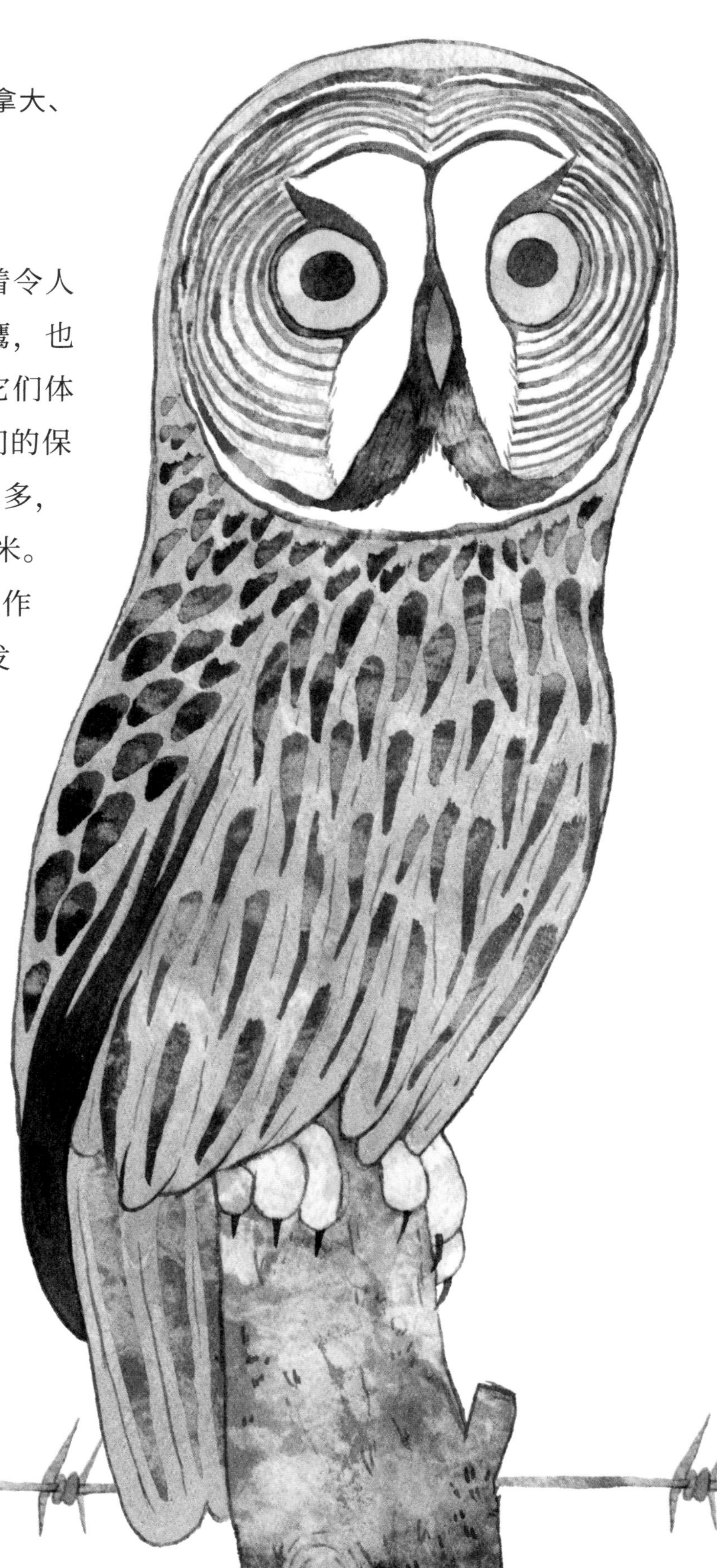

仓鸮

体长：32—40 cm
栖息地：西欧和南欧、非洲的马达加斯加

猫头鹰有许多特殊的技能：能够精确地判断声音的来源、飞行无声、视觉灵敏度高……当然，它们的头还能旋转 270°。仓鸮就拥有这些迷人的特征。

它们还因其幽灵般的外表和如深夜般黑色的大眼睛而令人着迷。它们的身体呈现惊人的白色，在汽车前灯的照耀下，如同一道闪电。事实上，这对仓鸮来说是一个致命的问题。每年刚出生的仓鸮中有近三分之一死于车祸。仓鸮的数量也受到现代耕作方式的影响。崎岖的草原是仓鸮猎物的家园，现在这种地形已经很少了。仓鸮喜欢在黄昏和黎明时捕猎，草地和田野里到处都是它们喜欢的田鼠。看着仓鸮在暮色中狩猎，是一幅美好祥和的画面。

棕头鸦雀

体长：11—12 厘米
栖息地：意大利，还有中国、日本、朝鲜、韩国、蒙古、俄罗斯、越南

棕头鸦雀是一群来自亚洲的小型长尾鸟，其中一些生活在欧洲。它们已经进化出像鹦鹉一样钩状的喙，用来剥种子和谷物。最初人们认为它们属于山雀家族，经过研究，科学家们否认了这一点。事实上，它们的进化轨迹一直困扰着科学家，以至于这种鸟的学名一度被叫作“Paradoxornis paradoxus”，意思是“令人困惑的悖论鸟”。严格地说，这是一种亚洲鸟，所以另一个谜团就是它们如何在意大利站稳脚跟的。显然，它们是被人为引入这个国家的。在 20 世纪 90 年代，人们发现了一小群棕头鸦雀，现在则有数百只鸟生活在那里。

灰蓝山雀

体长：12—13 厘米
栖息地：俄罗斯、乌克兰、中亚

灰蓝山雀（左）是一种生活在东欧、俄罗斯和亚洲雪域林地中的鸟。这些地区为观鸟爱好者们提供了绝佳的地点。正如你所了解的那样，灰蓝山雀和青山雀有很多共同的习性。它们以种子和昆虫为食，也偶尔受惠于花园中的饲鸟者。它们还能倒悬在树皮缝隙中觅食。

青山雀有一件黄色的“夹克”，而灰蓝山雀看起来就像一只蓝色的冰球，它们跳跃着，渴望着日光，享受着冬雪。令人遗憾的是，它们的栖息地离我们太过遥远。它们的可爱值得更多人了解和欣赏。

红翅旋壁雀

体长：15 厘米
栖息地：欧洲南部的山脉、高加索、亚洲的印度

红翅旋壁雀看起来像身挂霓虹灯的旋木雀。虽然在北半球和撒哈拉以南的非洲森林中都发现了旋木雀，但红翅旋壁雀只在山中安家。这种美丽的高地平原鸟分布在阿尔卑斯山、比利牛斯山、乌拉尔山脉、高加索山脉和喜马拉雅山脉。它们在悬崖峭壁间闪烁，捕食岩石上的小苍蝇和蜘蛛。在阳光下取暖的时候，红翅旋壁雀好似休息中的紫红色蝴蝶。

流苏鹬

体长：22—26 厘米
栖息地：
　夏季：英国、斯堪的纳维亚、俄罗斯
　冬季：非洲、印度

在繁殖季节以外的时间里，雄鸟很不起眼，很难与其他的涉水鸟区分开来。但春天一到，天啊，这一切都变了，因为雄鸟要尽力给挑剔的雌性成鸟（被称为 reeve）留下深刻印象。这些家伙因颈部的褶边和头上的簇羽而得名，这些看起来像绕在脖子上的围巾和巨大的双绒球“帽子”，实际是用来求爱的饰品。其实，它们名字中的“流苏（ruff）”，就是 16、17 世纪欧洲宫廷中著名的装饰性衣领。

雄鸟聚集在固定的求偶场地中，它们时而跳跃，时而昂首，时而鞠躬，时而摇动“围巾”，它们要在这场表演中尽力站高。雌鸟似乎知道发生了什么，它们选择伴侣交配，之后就会离开，独自孵化和养育幼鸟。雄鸟必须进行一次长途旅行，它们从世界的最北端飞到阳光明媚的非洲和印度，在那里度过漫长的冬天。

欧金鸻

体长：26—29 厘米
栖息地：
　夏季：斯堪的纳维亚、俄罗斯北部、格陵兰、冰岛
　冬季：英国、地中海海岸、北非

欧金鸻是一种美丽的鸟。在繁殖季，它们身上闪耀着金绿色的光芒，如此灿烂的色彩让人很难想象这实际上是一种非常成功的伪装。也许不应如此，但事实就是这样！鸻类的雏鸟身上如覆盖着一丛苔藓，腿如毛根，这种特点在欧金鸻的雏鸟身上更加突出，它们身上有一小块带有金叶的棉绒，它们可能是最可爱的雏鸟之一。

欧金鸻挥动翅膀的速度极快，当它们成群飞过，景观绚丽至极。它们飞快的速度，还启发人们创办了《吉尼斯世界纪录》！有一天，世界著名啤酒厂的吉尼斯先生出去打鸟（这种行为现在已经被禁止），他和另一个狩猎的朋友争论哪种鸟飞得更快——是金鸻，还是柳雷鸟。他坚持认为是金鸻的飞行速度更快，他的看法是正确的。受此启发，他创作了一本世界上最受欢迎的书。

普通翠鸟

体长：17 厘米
栖息地：
　全年：整个欧洲、亚洲
　冬季：北非

　　普通翠鸟是个捕鱼好手，但它们却会像抓刺鱼那样抓住人们的心。虽然普通翠鸟是欧洲唯一的翠鸟品种，但却是世界上已知的众多美丽的翠鸟之一。翠鸟家族几乎无处不在，从爱尔兰的东端一直到新几内亚的西端。印度和澳大利亚的某些翠鸟会整天待着不动，能让你大饱眼福，但普通翠鸟绝不是这样。虽然它们有着迷人的羽毛，让人类很想走近它们，但它们却对人类的眼光异常敏感，似乎知道自己什么时候会被发现，然后嗖的一下子就飞走了。我经常觉得普通翠鸟和我就像磁铁的两极，似乎我想要欣赏的目光把鸟儿推得越来越远，让它们都飞到河对岸了！

黑颈䴙䴘

体长：28—34 厘米
栖息地：遍及欧洲、北美、非洲、亚洲

这种黑颈小䴙䴘可能是所有䴙䴘（水鸟的其中一科）中最常见和分布最广的一种。在整个欧洲，以及北美、非洲和亚洲的部分地区都有它们的栖息地。这种鸟会迁徙到很远的地方繁殖下一代，并且寻找冬日的阳光。它们还要换毛，在两个月的换毛期内它们完全不能飞行，还要尽可能多地吃东西，为即将到来的长距离飞行（距离可达 6000 千米）补充能量。

这些都是令人惊叹之处，但黑颈䴙䴘最妙的地方还有外观。在繁殖季节，它们的头像是戴上了深色的帽檐，眼睛呈华丽的深红色，尾巴上还有金色的羽毛，使它们看起来就像一颗划过夜空的炽热流星，后面跟随着闪耀的银河。

游隼

体长：34—58 厘米
栖息地：除了南极洲之外的每个大陆

游隼体型大，飞行速度快，几乎随处可见。它们从前在悬崖上筑巢，但如今这种神奇的鸟已经适应了城市化的环境。它们栖息在欧洲各个城市的摩天大楼和大厦中。事实上，除了南极洲，游隼在其他大陆都有栖息地。这种鸟不仅分布广泛，狩猎技术也使得它们成为佼佼者。它们在飞行中捕食，只吃中等大小的鸟。当它们发现并锁定目标时，会突然俯冲，速度可达 390 千米每小时，以如此快的速度攻击猎物，单是撞击，对手就足以致命。

胡兀鹫

体长：94—120 厘米
栖息地：欧洲、非洲和亚洲的大部分山脉

如果长相可以杀人，胡兀鹫就是鸟类世界中的美杜莎①——任何愚蠢到要凝视它们的人都会感到冰一样的恐惧。当胡兀鹫在山区巡视，寻找动物的尸体时，它们的头部、颈部和胸部经常被血染成红色。它们几乎完全以骨髓为食，众所周知，胡兀鹫（ossifrage 在拉丁语中意为“骨头粉碎者”）会飞得很高，把骨头扔到巨石上，当骨头粉碎，它们就可以获取自己最喜欢的骨髓来食用。这些地点被称为“骨瓮”——保存人骨的坟墓，令人不寒而栗。

在阿尔卑斯山，人们担心这些令人惊异的鸟偷走羔羊和婴儿，极力驱赶消灭它们，以致它们濒临灭绝。谢天谢地，这已经被证明是错误的观念，它们又重新回到该地区。尽管如此，它们仍然保有“髯鹫”或“羔羊秃鹫”的名字。

① 古希腊神话中三位蛇发女怪之一。

长脚秧鸡

体长：27—30 cm
栖息地：
　夏季：北欧、中亚
　冬季：非洲南部

　　这种不显眼的鸟是秧鸡家族的一员，亲水的黑水鸡和蹼鸡也是这一家族的成员。但在干草地和杂草丛生的田野深处，你会听到长脚秧鸡尖厉刺耳的叫声——像一部老旧手机发出的不断重复的声音。这些隐秘的鸟的叫声曾经是欧洲乡村的特色，它们是夏日傍晚的背景音。现在，只有一小部分长脚秧鸡会在非洲过完冬返回，继续在北欧和中亚地区歌唱。各种慈善机构正在做大量的工作来保护这个物种，以便我们的后世子孙得以享受这种独特的仲夏吟唱。

蓝燕雀

体长：16—18 厘米
栖息地：特内里费岛（西班牙）

在欧洲，几乎任何地方都可以见到勇敢而漂亮的蓝燕雀。以前，它们就像石子一样常见。可现在，它们变得越来越少，因为一种名为毛滴虫病的寄生虫病正在蓝燕雀、金翅雀、鸽子和白鸽之间肆虐。让我们祈祷它们不会重蹈北美旅鸽的命运——曾经数量繁多，但现已灭绝。

想象一下，如果你在西班牙特内里费岛上发现了一只独特的蓝燕雀，将是何等喜悦！事实上，它们是这个岛的自然象征。我说过我喜欢蓝鸟吗？我去过特内里费岛，没有发现这种灿烂的蓝色鸟，但确实看到了很多赭粉色的鸟！

北极燕鸥

体长：33—36 厘米
栖息地：
　夏季：英国、北极
　冬季：南极洲

和许多鸟一样，北极燕鸥每年都要通过迁徙度过两个夏天——它们会从北欧、俄罗斯、北美和北极的繁殖地飞到南极洲，在那里度过一个相当寒冷的夏天，之后再向北迁回繁殖区。这趟行程往返可达 90000 千米！这是动物王国中已知最远的迁徙距离，这意味着它们能享受到最多的阳光。我很嫉妒（但不想要那种寒冷）！北极燕鸥的寿命也相当长，通常可达 30 年——要飞的距离可不少啊！

北极海鹦

体长：32 厘米
栖息地：冰岛、英国、法国、挪威、斯瓦尔巴群岛、俄罗斯、加拿大东部

北极海鹦是北大西洋著名的海鹦鹉，也是很多鸟类日历的必有之物，还是鼠标垫上的常客。通常意义上的海鸟，外表朴拙严肃，而北极海鹦鲜艳的鸟喙和小丑一样的橙色“鞋子”使其成为海鸟中滑稽的一员。它们在英国、法国、挪威、斯瓦尔巴群岛、格陵兰、加拿大，尤其是冰岛的岛屿和悬崖上繁殖，这些地方的北极海鹦比人还多。即便如此，可悲的是，它们的数量正在减少。过度捕捞是部分原因——人们大量捕捞北极海鹦爱吃的玉筋属、鲱属及柳叶鱼，将其用作肥料和宠物食品。北冰洋的玉筋属、鲱属，及柳叶鱼是许多海鸟急需的食物来源，特别是北极海鹦，它们用喙将多条小鱼带到雏鸟所在的沙穴里喂养它们。水循环和气候变化也起很大作用，因为海水温度极大地影响了玉筋属、鲱属，及柳叶鱼所食的微生物，如果这些鱼游走，海鹦也会离去。希望世界各国能够开始倾听自然的声音，防止未来大灾难的发生。

北美洲和中美洲

北美洲和中美洲幅员辽阔，面积超过2400万平方千米，由23个独立的国家组成，东临大西洋，北邻北冰洋，西面和南面是太平洋，东南面是南美洲和加勒比海。通常所说的北美包括格陵兰岛、加拿大、美国和墨西哥。中美洲由七个国家组成——伯利兹、哥斯达黎加、萨尔瓦多、危地马拉、洪都拉斯、尼加拉瓜和巴拿马，该区域东临加勒比海，西部和南部临太平洋，北接墨西哥。多米尼加共和国、海地、古巴和牙买加也属于这个区域。

这里有900多种鸟，比如美国的国鸟——白头海雕、加州神鹫、走鹃和草原松鸡。这块神奇的大陆上，有各种各样有趣的鸟。

白头海雕

体长：71—96 厘米，翼展 200 厘米
栖息地：
　夏季：加拿大、阿拉斯加
　冬季：美国、墨西哥北部

美国的国鸟分布在北美大陆，主要区域从阿拉斯加到墨西哥北部。白头海雕是美国最大的鹰。这种鸟非常喜欢吃鱼，它们在飞行中捕鱼的身影令人印象深刻。白头海雕并不温柔，反而是非常勇猛的鸟，它们喜欢抢夺鱼鹰口中的鱼为食。

白头海雕的外貌十分炫目——明黄色的脚与黄色的喙以及亮白色的头部相配。它们通常用树枝筑起大而扁平的巢，雌雄终身做伴，而且雌雄伴侣会年复一年地扩建巢穴。事实上，有一对白头海雕所筑的巢保持着世界上最大的巢穴纪录：近 3 米宽，6 米深，重量超过 1800 千克！

绒啄木鸟

体长：14—18 厘米
栖息地：遍及美国和加拿大

绒啄木鸟是北美最小的啄木鸟，这种小啄木鸟的身材和这幅图差不多大。在英国，人们会说这“真的很袖珍”！不过，不要被绒啄木鸟的体型骗了，这种鸟在它们的家乡——加拿大和美国落叶林中生活得很自在。它们吃一种特殊的蛾子——欧洲玉米螟，这是一种害虫，每年给美国农业造成 10 亿美元的损失，人们称赞它们是森林的大医生。

绒啄木鸟在与蛾子战斗的空闲会在树上筑巢。一个巢需要 2 周的“钻探”才能成形。家一旦建成，绒啄木鸟就会和伴侣终生住在里面。

象牙嘴啄木鸟

体长：51 厘米

栖息地（如果你能找到）：阿肯色州、路易斯安那州、佛罗里达州、古巴

与绒啄木鸟不同，象牙嘴啄木鸟的图肯定不是按照实际尺寸画的！本书的纵向尺寸仍不符合其大小，因为象牙嘴啄木鸟足有半米长！这种神奇的红冠鸟两翼似有闪电，真的太美了！

象牙嘴啄木鸟还有一个绰号——“圣杯鸟”。这是因为它们已被列为极度濒危物种，现在已经极少能见到，以至于发现它们就像是在寻找圣杯。这与寻找大脚怪的行动类似，观鸟者和专家团队一直在阿肯色州、路易斯安那州、佛罗里达州和古巴的野外寻找这种世界上最大的啄木鸟。若有人能提供关于它们的巢穴、栖息地或觅食地的信息，将会获得一大笔的奖赏！

美国内战后，大规模的伐木运动导致树木急剧减少，这导致象牙嘴啄木鸟的数量更为稀少。不过值得庆幸的是，最近几年出现了相当多的目击事件。也许是因为奖赏，或者“圣杯”想被我们发现？不管怎样让我们为它们祈祷吧。

大蜂鸟和安氏蜂鸟

体长：
大蜂鸟 14 厘米
安氏蜂鸟 10 厘米
栖息地：
大蜂鸟：美国西南部、洪都拉斯、尼加拉瓜
安氏蜂鸟：北美西海岸，向内陆直到得克萨斯州

北美洲、中美洲和南美洲共有 300 多种不同的蜂鸟。安氏蜂鸟很小，它们只有几克重，产下的蛋也是世界上最小的鸟蛋。但是它们每秒拍打翅膀的次数却可以达到 80 次，时速也可达 95 千米。安氏蜂鸟能够通过迅速增加体重或短时休眠在低温下生存。它们甚至出现在阿拉斯加！

蜂鸟们的亮片状羽毛似乎可以折射光线，大蜂鸟的紫水晶色羽毛，安式蜂鸟的洋红色和青铜色羽毛都是如此。大蜂鸟相对较大，长达 14 厘米，被称为华丽的蜂鸟——看图就知道为什么了！这两种蜂鸟是以 19 世纪鸟类学家里沃利公爵弗朗索瓦和他的妻子安娜命名的。

娇鸺鹠

体长：12—15 厘米
栖息地：
　夏季：加利福尼亚州、亚利桑那州、新墨西哥州、得克萨斯州
　冬季：墨西哥中部和南部

娇鸺鹠是世界上最小的猫头鹰。它们身长 12—15 厘米，跟这幅图差不多大，重量只有 40 克，真的太小了！成对的娇鸺鹠在啄木鸟废弃的树形仙人掌洞中筑巢，它们在那里啾啾歌唱，互相致意。在这个高层公寓里，有它们所需要的一切——有庇护所、有尖刺的保护、有飞到仙人掌和附近沙漠植物的各种昆虫作为食物。如果娇鸺鹠遇到危险，它们会选择“装死”而不是积极应对。它们的生活方式就是这么简单。

草原松鸡

体长：40 厘米
栖息地：美国中西部

北美草原上曾有很多种美丽的松鸡。不幸的是，农场不断扩大，农业活动日益密集，草原松鸡生存所需的野外土地大幅减少。真是遗憾，这是一种极为奇特的鸟。

雄鸟华丽的羽毛可以像角一样扬起，橙黄色的颈气囊可以用来鸣叫。到了繁殖季，雄鸟成群聚集，向雌鸟展示这些特征，同时还伴着一种奇怪的声响。早在人类出现之前，这种舞蹈就已经开始了，后来被美洲土著改编为神圣的舞蹈，用以向喂饱他们族群的鸟的灵魂致敬。

燕尾鸢

体长：50—68 厘米
栖息地：美国东南部沿海；中美和南美

这种轮廓分明的鸢可能是北美和中美洲最优雅的鸢。对它们来说，飞行是一种享受，简直小菜一碟。燕尾鸢可以借一阵风滑翔数千米，甚至不用拍打翅膀就能在树冠上搜寻小猎物。燕尾鸢捕捉猎物（青蛙、蜥蜴、蛇或小鸟）和喝水时都不会停下来。它们像燕子那样，在飞过河面或湖面时才会喝水。当然，我们的飞行家需要四处迁徙。它们在美国的东南部繁殖，然后飞往数千千米外的阿根廷和秘鲁（尽管有些冬天它们停留在得克萨斯海岸）。飞行是它们一生中最喜欢的事情！

食螺鸢

体长：36—48 厘米
栖息地：佛罗里达

所有的鸢都有光滑和瘦长的外观，而食螺鸢不止如此，它们还有一个细长的喙。这样的喙便于它们剥去蜗牛壳，享用里面的肉——这是食螺鸢最喜欢的食物。

食螺鸢在中美洲繁衍旺盛，但在佛罗里达却濒临灭绝。这是因为它们最喜欢的食物——苹果螺遇到了麻烦。苹果螺是这一地区的特有物种，它们的栖息地因沼泽排水而遭到了破坏。所以，如果苹果螺没有了，那么沼泽地的食螺鸢也会跟着遭殃。更糟糕的是，2017 年，佛罗里达州遭遇了飓风“厄玛”的袭击，强风暴雨中，所有食螺鸢的巢（44 个）全被摧毁。

幸运的是，食螺鸢的数目现在回到了正轨，苹果螺也受到了保护。当地的环保项目正在推进重建湿地，以恢复苹果螺最喜欢的食物——河草和芦苇。

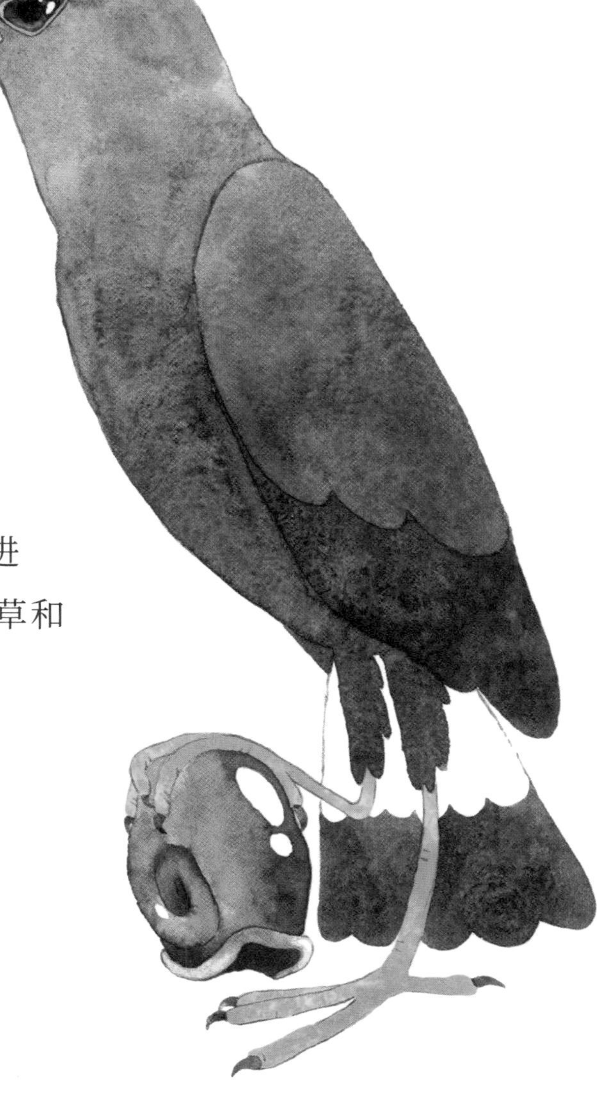

褐拟椋鸟

体长：35—50 厘米
栖息地：墨西哥东部、巴拿马西部、尼加拉瓜、哥斯达黎加西北部

褐拟椋鸟（这名字多拗口！）拥有栗褐色的身体、淡蓝色的脸颊、玫瑰色的羽毛和明黄色的尾巴，它们光鲜亮丽，是一种群居鸟。雌鸟与雄鸟有相同的样貌，但体型要小得多：雄鸟有 50 厘米长，而雌鸟只有 38 厘米长。雌鸟们在雨林中一起编织下垂的悬挂巢穴（如本页上方所示）来抚养幼鸟。这种鸟的群体生活在一起，一只雄鸟与所有雌鸟在一起繁殖后代，雌鸟们共同创造美妙的巢穴。雄鸟在求偶时的歌声精妙绝伦，时而愉悦，时而短促，如太空星系间叮当作响的露珠。如果有机会，一定要去看看和听听这些可爱的褐拟椋鸟。

玫胸白斑翅雀

体长：18—22 厘米
栖息地：
　夏季：加拿大、美国东部
　冬季：墨西哥、西印度群岛

玫胸白斑翅雀没什么明显特征。它们只是嘴比较大，仅此而已！它们是北美雀科的一员，一年中的大部分时间都在凉爽的大陆东北端度过，直到严寒侵袭，它们会向南迁徙到满是阳光的地方过冬。有些玫胸白斑翅雀最远可以飞到西印度群岛，在那里休息，并享受日光，直到天气变热，再返回北方。

和本书中大多数颜色鲜艳的鸣禽一样，只有雄鸟才有艳丽的羽毛。但在它们生命的头一年，它们的颜色看起来和雌鸟并没有什么区别，都是以棕色、白色为主的色调。

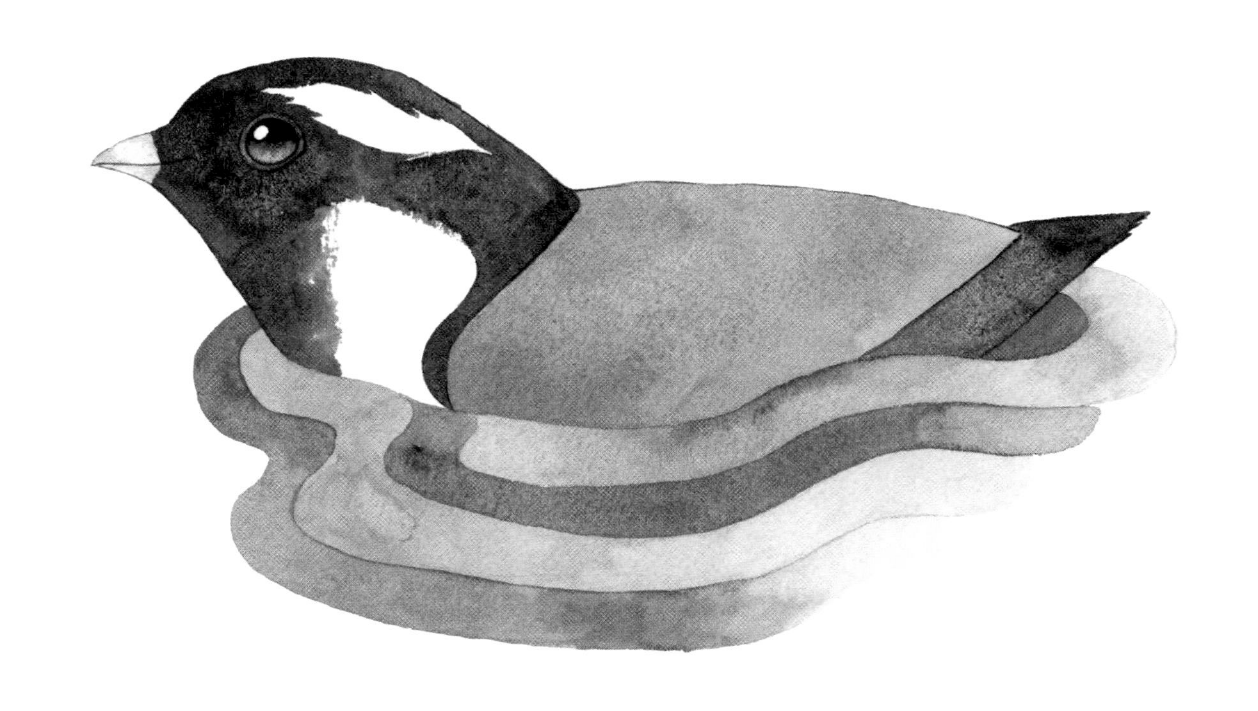

扁嘴海雀

体长：20—24 厘米
栖息地：
　夏季：加拿大
　冬季：日本、中国、美国西海岸

海雀科——包括海鹦、冠小海雀、海鸠和扁嘴海雀等，是众所周知的游泳健将。在水中，它们能流畅自如地活动，但到了地面上，它们却变得步履蹒跚。有些成员，比如扁嘴海雀，在空中也很敏捷。

这种小海雀是我最喜欢的海鸟之一。大多数远渡重洋的鸟都是黑白相间的颜色，但这种鸟却有着奇特的色调。事实上，它们的名字（Ancient murrelet）就是因为它们的颜色使它们看起来像是披上了奶奶的披肩。这种鸟经过长途迁徙，越过北太平洋飞到日本和中国。它们是目前唯一能做到这一点的鸟。我有个不错的想法——勇敢的老奶奶正在进行一次史诗般的海上冒险。加油，老奶奶！

北美小夜鹰

体长：18 厘米
栖息地：
　夏季：加拿大南部、美国西部
　全年：墨西哥北部

夜鹰是夜行性鸟，但其实它们不属于鹰类。它们呈灰色、短腿、短喙、大翅膀，每种都有独特、奇怪、令人毛骨悚然的叫声。在北美洲，有些夜鹰甚至以叫声得名，其中包括卡罗琳夜鹰、三声夜鹰和此处的北美小夜鹰。

北美小夜鹰只有 18 厘米长，是北美最小的夜鹰，令人惊讶的是，它们可能是唯一一种冬眠的鸟。北美小夜鹰会贴附在岩石之间的缝隙中，完美地伪装起来，它们发出的气味很弱，不容易被捕食者们发现，然后它们就可以进入冬眠，昏睡数月。太让我嫉妒了！

丽彩鹀

体长：12—14 厘米
栖息地：
　夏季：美国中南部、大西洋海岸
　冬季：墨西哥、古巴、巴哈马、佛罗里达

看到丽彩鹀的时候，经常能听到一些想成为艺术评论家的人说：“这只鸟就像我孩子画的画。”我觉得他们可能是正确的。因为丽彩鹀看起来确实像是我女儿用最鲜艳的颜料创作的作品。没有混合色，只有大块涂抹的原色——红色、蓝色和石灰绿色，然后就完成了！这真的是雄鸟的样子。雌鸟的颜色不那么鲜艳，主要呈绿色。和许多颜色艳丽的鸟一样，丽彩鹀是一种备受珍爱的玩赏鸟。正因为如此，它们经常在迁徙途中被人捕获。幸运的是，这个物种现在受到了保护，希望它们以后可以不再受到伤害。

冠蓝鸦

体长：22—30 厘米
栖息地：美国中部和东部，加拿大南部

松鸦通常以翅膀上长有的一小块蓝色而闻名，但冠蓝鸦几乎将这种色彩涂遍了全身。冠蓝鸦无疑是鸦科中最有色彩感的一种，它们有着令人惊叹的颜色。它们是北美东部和中部大部分森林的原生物种，也已经很好地适应了人类的居住环境，时常出现在各地的公园和居民区中。据了解，一些北方冠蓝鸦家族，以250只左右组成一群，飞往美国南部边境。奇怪的是，只有一部分冠蓝鸦会进行迁徙，其他一些根本不迁徙，其中的原因仍然是个谜。

冠蓝鸦极为聪明。人们做过实验，被关在笼子里的冠蓝鸦，会使用纸条作为获取食物的工具，并试图打开笼门。在野外，它们还会模仿其他鸟类的叫声。但它们自己的叫声也很有用处——当它们受到捕食者的威胁时，会猛烈地尖叫，提醒其他小鸟提防危险，它们真是太善良了！

在栖息地——天然林地中，冠蓝鸦主要以植物为食。众所周知，它们偶尔会去其他鸟类的巢中窃蛋，但其实它们真正喜欢的是橡子，它们会用乌鸦般的聪明头脑记住尽可能多的地点，然后把数百颗橡子储存在地下，以备冬天食用，而那些被遗漏的橡子今后会长成参天橡树！

灰噪鸦

体长：25—33 厘米
栖息地：阿拉斯加、加拿大大部分地区、落基山脉

灰噪鸦又名加拿大鸦，是鸦科的一员，与橡子色的北噪鸦（见第 11 页）有亲缘关系。美丽的灰噪鸦生活在北方高地森林的云杉树上。它们以昆虫和浆果为食，将食物与黏稠的唾液混合，固定在地衣或树皮之下，以备冬天食用。栖息地的低温能够保存食物——就像它们的冰箱一样！这意味着，这种美丽的鸟不能生活在太远的南方，因为它们需要依赖寒冷的天气才能完成这一过程。它们不能错过冬季的盛宴！

灰噪鸦在加拿大原住群落中占有非常重要的地位。但它们也被视为一个骗子，灰噪鸦确实是个骗子，当白雪覆盖森林，它们会从人类那里骗取食物。可耻！

加州神鹫

体长：108—140 厘米
栖息地：亚利桑那州、犹他州、加州中部和南部，墨西哥下加利福尼亚半岛北部

加州神鹫是北美西南大陆炎热地区的一种令人难以置信的稀有兀鹫。它们的翼展长达 3 米，这在所有陆地鸟类中是最宽的。飞行时，它们挡光板一样的翅膀向上支起，呈低 V 字形。吃肉时，它们会把光秃秃的脑袋塞进动物的尸体里。秃头有它们的用处，假如头部有羽毛的话，清理腐肉就会很不方便。

加州神鹫是发现和清理腐烂尸体的专家，在生态系统中发挥着珍贵的作用，它们占据美洲的天空，长达几千年。

在欧洲定居者到来之前，加州神鹫的数量就一直在减少，而 19 世纪淘金热兴起的时候，涌入的人们开始迫害它们，又加剧了这个趋势。由于生育率相对较低（它们的孵化期和育雏期很长，而且每窝只产一个蛋），它们的数量严重下降。到 1987 年，当时地球上只剩下 27 只加州神鹫。后来它们被纳入了繁殖项目，幸运的是，现在大约有 300 只野生加州神鹫，另有 200 只在繁殖项目中。

红尾鵟

体长：45—65 厘米

栖息地：加拿大、美国、巴拿马、西印度群岛

红尾鵟看起来就像普通的秃鹰，它们生活在欧洲和亚洲的很多地区。鵟和秃鹰属于同一科（鹰科），食物口味相同，包括小型哺乳动物和腐肉。它们还有同样老练的飞行技巧，当条纹翅膀在飞行中完全展开时，看起来潇洒极了。

红尾鵟可以适应任何栖息地的环境。它们遍布美洲大陆——从阿拉斯加经西印度群岛到中美洲，甚至在城市中安家。在纽约，它们在中央公园捕猎，在周围高楼的壁架、空调机、防火梯上筑巢。这些生活在城市中的红尾鵟可能从未见过兔子，但这座城市大约有 800 万人口，他们产生的垃圾能养活足够的老鼠供红尾鵟食用。

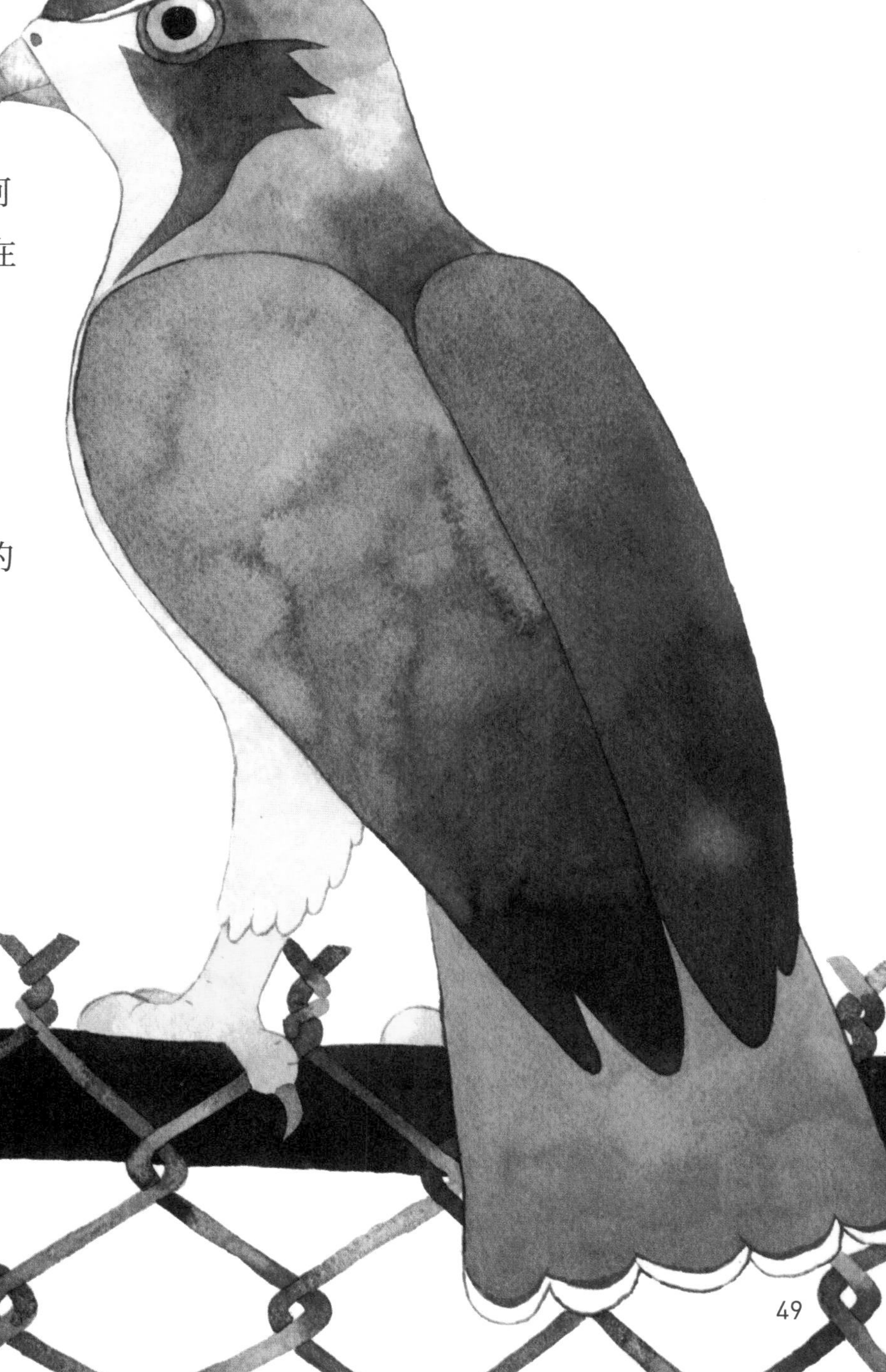

走鹃

体长：52—62 厘米

栖息地：美国西南部和墨西哥北部

走鹃是杜鹃科的一员（只是走鹃不会像其他杜鹃和北美牛鹂一样，让别的鸟抚养自己的幼鸟，参考第 52 页的猩红丽唐纳雀）。走鹃是一种著名的陆禽，因在卡通片中被郊狼追赶而闻名[①]。幸运的是，这种鸟跑得很快，有记载的速度是 42 千米每小时，它们还擅长闪避和潜水。它们的闪避技能和运动能力在西部狩猎时派上了用场，尤其是穿过仙人掌和岩石追逐蜥蜴和蛇的时候。走鹃更喜欢品尝响尾蛇，它们会将响尾蛇反复地摔到地上，杀死后吃掉。

除了那部著名的卡通片外，走鹃在当地的文化中也有重要的意义。在墨西哥，人们相信走鹃有送子之福，就如西方文化中的鹳鸟一样；美国的一些土著部落相信，走鹃可以保护自己免受邪恶灵魂的侵害。

① 华纳公司的系列动画片，主角是狡猾的歪心狼和哔哔鸟。这两种动物都是美国特有的动物，歪心狼“Coyote”是指郊狼，哔哔鸟“Roadrunner”则是走鹃。走鹃在奔跑的时候会发出“beep、beep”的鸣叫，声音和汽车的喇叭声差不多，故名哔哔鸟。

猩红丽唐纳雀

体长：16—19 厘米
栖息地：
　夏季：加拿大南部、美国中东部
　冬季：佛罗里达、中美洲、南美洲北部

这种红得耀眼、身材小巧的鸣禽生活在从加拿大南部到玻利维亚的密林深处。它们是真正的长途飞行家，每年要在北美东部和南美洲西部的冬季栖息地之间往返两次。猩红丽唐纳雀经常与褐头牛鹂发生争执。褐头牛鹂用自己的蛋替换掉猩红丽唐纳雀的一个蛋，得意地让猩红丽唐纳雀替它们抚养孩子。

要是没有“欺骗者”的干扰，猩红丽唐纳雀会是任何一片茂密的灌木丛中的明星，它们飞来飞去，转眼间就能捉到虫子。尽管名字中带有“唐纳雀（tanager）”，但这种鸟实际上并不是唐纳雀的一种。它们最近被重新归类为红雀科。真让人搞不懂！

山蓝鸲

体长：16—20 厘米
栖息地：
　夏天：阿拉斯加、加拿大、美国东北部
　冬天：加利福尼亚州、得克萨斯州、墨西哥

你可能已经注意到了，我很喜欢小鸟，尤其是蓝色的小鸟，所以你肯定明白我有多想看到一只山蓝鸲！这种鸟可能是这本书中所有蓝色的鸟中最迷人的一种——一个艰难的选择。难怪它们会成为爱达荷州和内华达州的州鸟。

不管是雄鸟还是雌鸟，它们的颜色都有极好的明暗层次，雄鸟呈强烈的铁蓝色，而雌鸟则要淡雅柔和许多。它们看起来软软的，像一条崭新的蓝色毛巾！

靛彩鹀

体长：11.5—13 厘米
栖息地：
  夏季：加拿大南部、美国中东部
  冬季：佛罗里达、中美洲、南美洲北部

靛彩鹀冬季会迁徙到南美大陆北部，此时见到它们的人都会认为这种鸟相当乏味——不过是一种普普通通的棕色鸟。但在美国的东部地区，人们可以很幸运地在夏天见到靛彩鹀，那时的雄鸟看起来就像刚刚浸泡过靛蓝色颜料一样。雄鸟身着全新的“牛仔服”，给可爱的棕色的雌鸟留下了深刻的印象。褐头牛鹂经常寄生在靛彩鹀的巢内，就像对待猩红丽唐纳雀那样，它们四处招摇撞骗！

主红雀

体长：21—23 厘米
栖息地：美国东部、加拿大东部、墨西哥东部、伯利兹

美国七个州（伊利诺伊州、印第安纳州、肯塔基州、北卡罗来纳州、俄亥俄州、弗吉尼亚州和西弗吉尼亚州）的州鸟；主红雀应该是朋克界的“州鸟”！雄鸟呈深红色，雌鸟呈珊瑚色和米黄色，它们都是强大的“莫霍克人[①]”。它们不仅有音乐家的长相，还有金属乐一般的歌声和一个真正摇滚的态度！主红雀的领地意识很强，雄鸟甚至会攻击自己的倒影，误以为那是前来竞争的其他雄鸟。主红雀数量众多，从茂密的林地到城市公园，遍布北美东部。这些玫瑰色的居民为当地增色不少。

① 美洲的一个印第安部族，以莫霍克发型著称。该发型需要剔掉其他头发，只在头顶中间留下一窄条头发。之后，再把这些头发向上竖起，其幅度之大非常惊人。梳理这种发型本身是一个宗教仪式的组成部分，于 20 世纪 70 年代末在朋克人群当中流行开来。这种发型在中文语境里有时会被错译为“莫西干”发型。

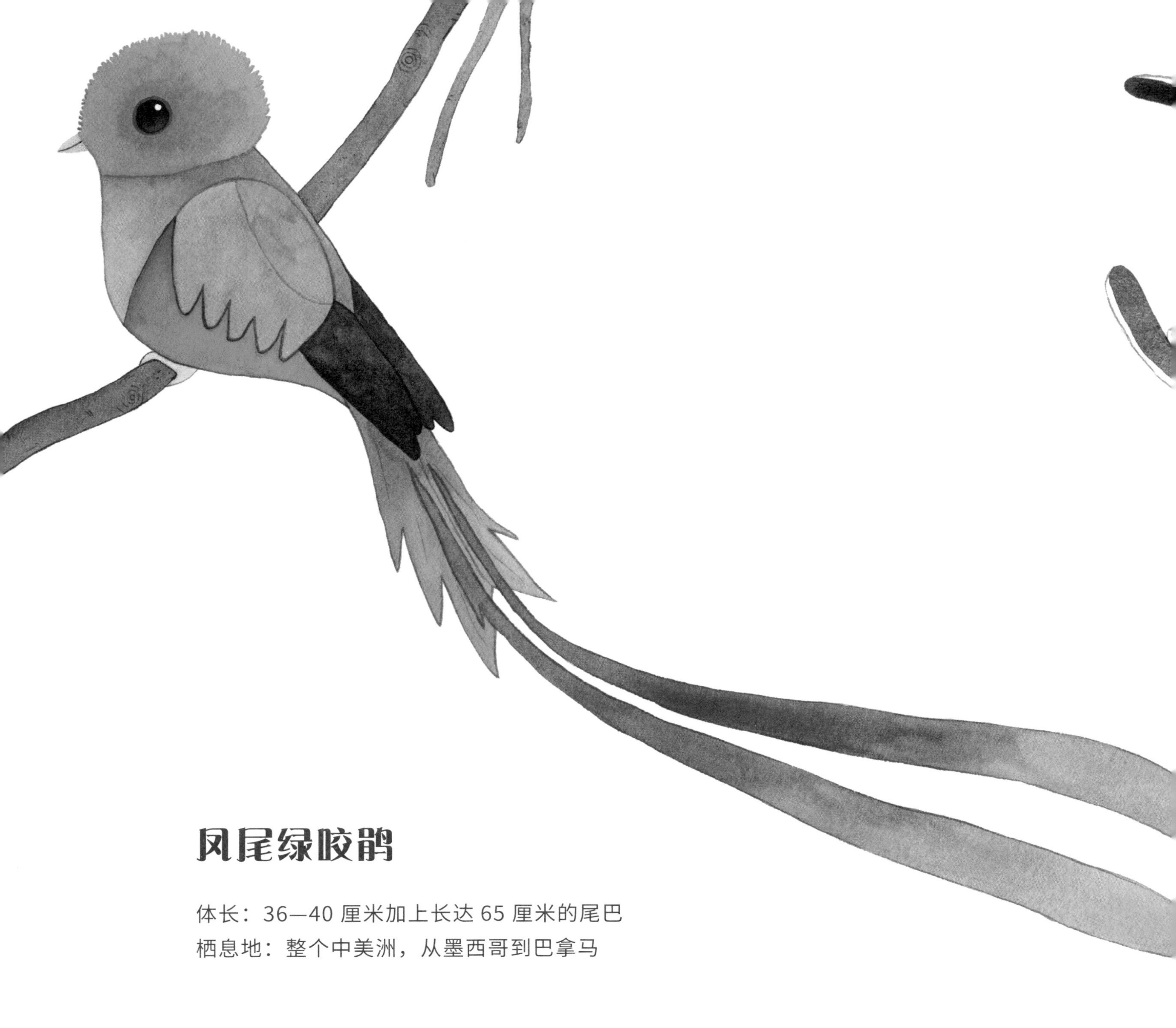

凤尾绿咬鹃

体长：36—40 厘米加上长达 65 厘米的尾巴
栖息地：整个中美洲，从墨西哥到巴拿马

这只色彩斑斓的青绿色鸟，名字非常好听，也很贴切。它们生活在中美洲的云雾林中，长期以来被认为是世界上最美丽的鸟之一。这片土地上的原住民非常尊重这种鸟，在民间故事和绘画中都有它们的身影，它们通常象征着自由。有一种说法是这样的，这种鸟永远不会被关进笼子里，宁死也不会屈服。这种说法有它们真实存在的因素，因为众所周知，凤尾绿咬鹃很难被饲养。

然而，由于栖息地不断遭到破坏，这种鸟比以往任何时候都更需要保护。

剪尾王霸鹟

体长：38 厘米
栖息地：
　夏季：美国中南部
　冬季：中美洲，从墨西哥南部到巴拿马

这种美丽的鸟生活在美国南部和中美洲广阔的草地和农田中。它们在篱笆和低矮的树枝上飞来飞去，在朦胧的光线中捕捉飞蝇——身后拖着美丽的剪刀形尾巴。

千万不要惹恼它们——这种鸟是霸鹟科的一员。它们和普通的霸鹟科鸟一样小巧漂亮，但是侵略性和领地意识很强。剪尾王霸鹟会伏击鹰和猫头鹰等大一点儿的鸟，将它们驱逐出自己的领地。

南美洲

南美洲面积约1700多万平方千米，西临太平洋，北面和东面是大西洋。这块大陆地形种类繁多，气候多样，北部有阳光海滩，而南部的山峰和更南端则有寒雪。南美洲面积最大的国家是巴西，其次是阿根廷、秘鲁、哥伦比亚、玻利维亚和委内瑞拉。

南美洲被称为“鸟类大陆”，已知鸟类超过3400种，数量比其他大陆都多。要想全面了解它们，需要写一部巨著，所以，此处我仅挑选了一些我最喜欢的鸟，如爪跟熊爪一样大的角雕、颜色如孔雀的王鹫、长相滑稽的厚嘴巨嘴鸟和棕冠蜂鸟（一种美丽的微型蜂鸟）。让我们仰望天空，尽情享受吧！

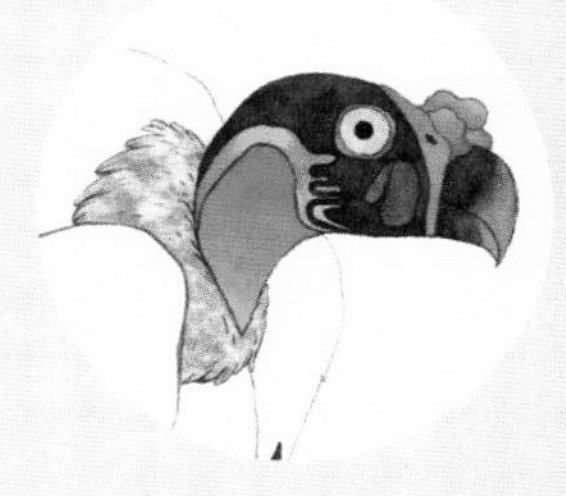

日鳽

体长：46—53 厘米，翼展 60—70 厘米
栖息地：从危地马拉到巴西，中美洲和南美洲的热带地区

乍看上去，日鳽与其他棕色的水鸟没什么两样，但当它们受到威胁时，它们会张开翅膀，展示美丽的大地色羽毛，这些羽毛不仅可以起到盾牌般的作用，还可以抵御捕食者的攻击。敞开的翅膀上有看起来像眼睛的斑纹，这种防御策略更常见于蝴蝶和飞蛾。

科学家们发现，日鳽和新喀里多尼亚的鹭鹤（见第 108 页）有一些相似之处，这意味着它们在 1.8 亿年前的侏罗纪时期有着共同的祖先。没错，恐龙的侏罗纪时期！

须钟伞鸟

体长：28 厘米
栖息地：特立尼达和多巴哥、哥伦比亚、委内瑞拉、巴西北部的森林

你可能会觉得这只鸟的嘴里满是蠕虫或是挂下来的假发。但雄鸟的胡须实际上是一大堆深色的线状肉垂，出于某种原因，雌鸟会觉得这些肉垂非常有魅力。

它们也许不漂亮，但声音却相当惊人！这种鸟的鸣叫声类似火警，特别是几只须钟伞鸟一起歌唱的时候。你肯定不想让它们加入你的合唱队！

白钟伞鸟

体长：28 厘米
栖息地：圭亚那、委内瑞拉、巴西的帕拉

虽然被称为白钟伞鸟，但这种鸟只有雄鸟是白色的，雌鸟的颜色则是带有黄色条纹的橄榄绿。

雄鸟的头上有一条肉垂。它们的肉垂可以鼓起，像角一样立起来，让它们看起来像一只白色的小独角兽（它们也被称为有翅膀的独角兽）！这种鸟以歌唱的形式发出强力的信号，它们大口吞气，然后发出两种音调的巨响，听起来就像教堂的钟声。这就是它们名字的由来！

北林鸱

体长：33—38 厘米
栖息地：从尼加拉瓜和哥斯达黎加到巴西南部，乌拉圭和阿根廷北部，中美洲和南美洲中北部的热带地区

这种美丽的大眼鸟喜欢在夜里捕捉昆虫，它们白天睡觉，伪装成树枝，一动不动。这种鸟有一张惊人的大嘴，非常适合捕捉飞蛾等昆虫。

北林鸱一窝只产一个蛋，但并不筑巢，而是将蛋放在树枝分叉的地方或树桩上。它们的歌声很奇特，音调和音量会随着声音渐渐低沉下去，听上去有些悲伤，使人同情。北林鸱，要振作起来啊！

油鸱

体长：40—49 厘米
栖息地：南美洲西北部和中西部，包括委内瑞拉、哥伦比亚、秘鲁、玻利维亚和巴西的部分地区

油鸱是世界上唯一一种在夜间活动、以水果为食的鸟。它们在完全黑暗的巢穴里栖息和繁殖。在黄昏现身，黎明时又返回巢穴。在巢穴中，它们使用回声定位法导航——能这样做的鸟非常少。

这些海鸥大小的鸟主要以脂肪含量丰富的棕榈果为食，幼鸟很胖。事实上，它们的名字（Oilbird）是这样来的：人们过去常常捕捉它们的幼鸟，然后把它们煮熟来榨油——谢天谢地，现在已经没人这么做了。

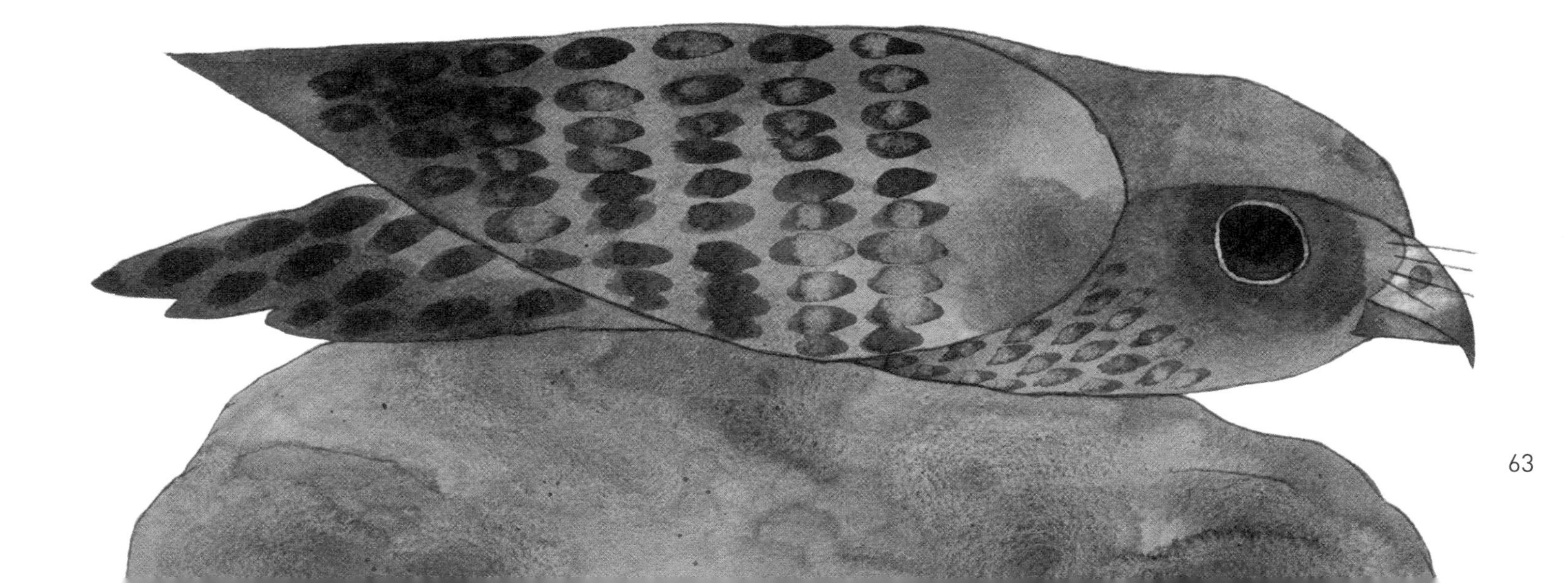

紫蓝金刚鹦鹉

体长：100 厘米

栖息地：巴西中西部、玻利维亚东部、巴拉圭东北部

这种温和的巨型鹦鹉有 1 米多长，是世界上最大的鹦鹉。只是新西兰胖胖的鸮面鹦鹉（见第 112 页）更重。这种金刚鹦鹉性情温顺，从头到尾都有令人惊叹的紫蓝色羽毛，在 20 世纪 80 年代成为深受欢迎的宠物。人们大量捕捉这种鹦鹉，从巴西的热带雨林运往世界各地，这使它们的数量锐减。它们现在被列为渐危种，受到了正确的保护。

这种鸟成群迁徙，最多 8 只成群，它们的速度非常快，可以达到 56 千米每小时。

安第斯冠伞鸟

体长：35 厘米

栖息地：从委内瑞拉到秘鲁和玻利维亚的安第斯山脉的云雾林

安第斯冠伞鸟是秘鲁的国鸟，它们生活在安第斯山脉山脚下的云雾林中。雄鸟呈橙红色，光彩照人，背上看起来就像背着一块银色的金属太阳能板。它们的体型相当大（35 厘米长），红色冠部使它们看起来更高。它们的名字（cock-of-the-rock）来自雄鸟在繁殖季的叫声。雄鸟们聚在一起，通过各种舞蹈动作和奇怪的声音来赢得雌鸟的注意，那种场面类似斗鸡。

厚嘴巨嘴鸟

体长：45 厘米
栖息地：墨西哥南部到委内瑞拉和哥伦比亚

也许称它们为“彩虹嘴”巨嘴鸟更加合适。它们是伯利兹的国鸟。并不是所有的巨嘴鸟都像它们这样明艳，厚嘴巨嘴鸟的鸟喙颜色是由酸橙色、橘红色、柠檬黄和勿忘我蓝组合而成的令人眼花缭乱的混合色。厚嘴巨嘴鸟的喙很大，有 15 厘米长，约占体长的三分之一，但它们并不笨拙，这是因为喙是一块有角蛋白外层的中空骨头——成分近似于人的指甲。

所有的巨嘴鸟都很善于交际，它们喜欢嬉戏，会玩扔水果游戏——一只扔水果，另一只用嘴叼住！

三色伞鸟

体长：40 厘米
栖息地：南美洲东北部的潮湿森林

这种奇怪的鸟的名字得益于嘉布遣会修士[①]——它们的羽毛和高高立起的“衣领”很像嘉布遣会修士。它们裸露的头部有暗淡的蓝色皮肤，看起来有点儿像秃鹰的头。

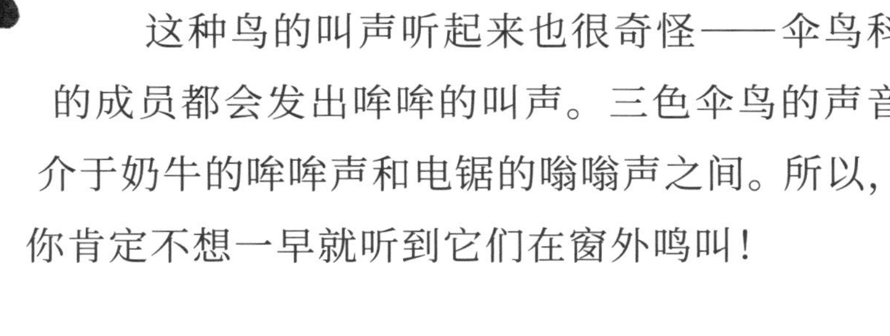

这种鸟的叫声听起来也很奇怪——伞鸟科的成员都会发出哞哞的叫声。三色伞鸟的声音介于奶牛的哞哞声和电锯的嗡嗡声之间。所以，你肯定不想一早就听到它们在窗外鸣叫！

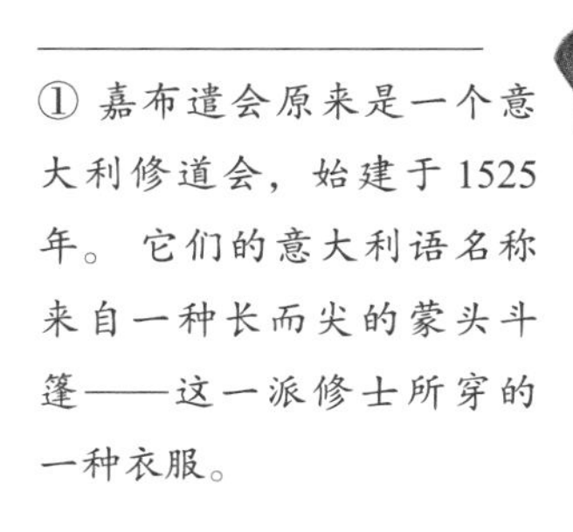

① 嘉布遣会原来是一个意大利修道会，始建于 1525 年。它们的意大利语名称来自一种长而尖的蒙头斗篷——这一派修士所穿的一种衣服。

长耳垂伞鸟

体长：40 厘米
栖息地：哥伦比亚西南部，厄瓜多尔埃尔奥罗省

雄鸟（如图）有一些相当惊人的特征。首先，它们发型很酷，一头茂密的秀发，前端像穗子一样随意地垂下。另外，在求爱的过程中，它们挂在胸前中央的肉垂可以膨胀起来，看起来像一颗光滑的黑色松果。雌鸟的羽毛不那么茂盛，它们只负责筑巢、孵蛋和养育幼鸟。砍伐森林对它们的栖息地造成了严重的破坏，长耳垂伞鸟目前属于渐危种。

麝雉

体长：65 厘米
栖息地：亚马孙平原北部和南美洲的北部中心奥里诺科盆地的沼泽

你可能会认为这只神奇的鸟看起来很古老，那是因为它们确实如此。这种鸟可以追溯到 6400 万年前，也就是所有大型陆生恐龙灭绝的时候，所以它们也被称为爬行鸟类。

但这并不是它们唯一的外号，它们还被称为臭鼬鸟或臭鸟。这是因为它们会散发出一种臭味，这种味道是由内脏中的食物发酵产生的。

幼鸟的两个翼指上有爪子，可以帮助它们爬过沼泽森林，直到学会飞行。今天的鸟都有像麝雉一样奇怪而美妙的祖先。因此，我们必须珍视这份礼物，并确保亚马孙和奥里诺科盆地的爬行鸟类可以继续存活数百万年。

王鹫

体长：67—81 厘米
栖息地：墨西哥南部到阿根廷北部的低地森林

这种鸟生机勃勃的样子，一点儿也不像真正的秃鹫，但它们可是秃鹫之王！它们是美洲秃鹫中最大的一种，它们常会驱赶享用动物尸骸的其他掠食者，这些掠食者必须排队等待国王吃完才行。王鹫非常有特点，它们的翼展可达 2 米长，身体呈亮白色，衬托着光秃秃的紫色头部，剪刀般锋利的喙上有奇怪而摇晃的橙红色肉冠（或肉垂）。这正是适合国王的配色。

拟鴷树雀

体长：15 厘米
栖息地：加拉帕戈斯群岛

加拉帕戈斯群岛的拟鴷树雀看起来可能没那么有趣，它们相当小，身体呈黄色或米色，还有点儿淡绿色。但正是这种鸟的喙帮助查尔斯 · 达尔文在 19 世纪 30 年代确证了进化论。当查尔斯乘坐“贝格尔”号到达太平洋上一些小岛时，那里有各种各样令人称叹的鸟，他注意到，每个岛屿都有某种雀鸟的变种，每种雀鸟都进化出了不同的喙，以便能够吃到该岛上的食物。

拟鴷树雀进化得更为精妙，它们以小棍子状的喙为工具，从树和仙人掌的裂缝和洞中骗出幼虫。本书中有许多伟大的鸟，但是这只看起来很单调的小树雀确实很神奇。

棕冠蜂鸟

体长：8 厘米
栖息地：玻利维亚、哥伦比亚、厄瓜多尔、巴拿马和秘鲁的亚热带或热带森林

棕冠蜂鸟是蜂鸟的一种，数量不多，它们有非常醒目的相似斑纹，生活在中美洲和南美洲。我最喜欢棕冠蜂鸟，雄鸟身上呈现一种神奇的渐变的青铜绿色，橙色“王冠”顶端呈黑色飞行时，它们会收起“王冠”，它们用管状舌头吸吮鲜艳芬芳的花朵中的花蜜。它们只有大约 8 厘米长，不过美丽是不分大小的。

黄顶唐加拉雀和绿头唐加拉雀

体长：13 厘米（两者都是）
栖息地：
　黄顶唐加拉雀：北安第斯山脉（玻利维亚、哥伦比亚、厄瓜多尔、秘鲁、委内瑞拉）
　绿头唐加拉雀：大西洋森林（巴西、巴拉圭、阿根廷）

这两种耀眼的鸟是令人印象深刻的裸鼻雀科的一员，该科由南美洲 50 多种明亮而美丽的小鸣禽组成。这些色调鲜艳的羽饰，给它们栖息在茂密林地的树冠上时提供了完美的伪装。

裸鼻雀科种类很多，是世界上第二大鸟科，数量约占所有鸟类数量的 4%，占中美洲和南美洲鸟类数量的 12%。

红腿叫鹤

体长：75—90 厘米
栖息地：亚马孙以南到阿根廷北部的草原

乍看上去，红腿叫鹤可能并不那么可怕，但它们可能是最无情的鸟之一。这种巨大的陆禽曾被认为是骇鸟科（也被称为恐怖鸟）唯一存活的后代——骇鸟有 2 米高、肉食性、不会飞，在恐龙之后统治着南美洲，直到 180 万年前灭绝。红腿叫鹤最长 90 厘米，生活在开阔的草原上。虽然它们不到祖先的一半大，也没祖先那么可怕，但它们仍是蛇和爬行动物的劲敌。

红腿叫鹤有一种独特的杀死猎物的方法。当它们对付像蛇这样的大型生物时，会用喙把它们叼起来，扔到地上，直至其昏迷或死亡。方法既独特又恐怖！

美洲红鹮

体长：55—63 厘米
栖息地：哥伦比亚北部和委内瑞拉，圭亚那海岸到巴西北部，巴西东部沿海（里约热内卢）

鹮科是标志性的鸟，不同种类的鹮，在颜色、斑纹和羽毛上各有不同，但所有的鹮都有经典的轮廓——长腿和像埃及象形文字一样向下弯曲的长喙。

南美和加勒比航道，以及海岸线上的美洲红鹮不光在鹮科中出类拔萃，在所有鸟类中也算是佼佼者。它们通体呈红色，浓得几乎发红光——它们是海岸上深红色的国王和王后！

美洲红鹮在幼鸟时期呈灰色、棕色和白色的混合色，长大后食物改以红色甲壳类动物为主，它们的羽毛也随之呈现出独特的红色。这种鸟喜欢生活在潮湿的沼泽，但为了安全，它们会把巢建在树上。为了更好地保证安全，免受捕食者的攻击，它们还会在岛上筑巢。

此外，为了寻求保护，它们经常成百上千地聚集在栖息地。我想它们需要仔细考虑一下安全问题了，因为它们的颜色很难融入周围的环境形成保护色！

角叫鸭

体长：95 厘米
栖息地：南美北部的低地，包括几乎整个巴西

这种神奇的鸟看起来一部分像鸭子，一部分像独角兽，一部分像刀子，一部分像鸵鸟，真是太奇特了！它们的名字（Horned screamer）来自它们响亮而有冲击力的叫声，听起来又像咳嗽，又像尖叫。

角叫鸭是一种体型很大的鸟，体长可达 95 厘米。它们有一个长而刺状的组织，或称为角，从头部向前伸出，这在鸟类中是独一无二的。这种组织存在于雄鸟和雌鸟身上，松垮地连接在头骨上，就像我们的头发或指甲一样，不断生长，但尖端经常断裂。但这不会给它们造成伤害，所以它们没有必要为此尖叫！

角雕

体长：86—107 厘米
栖息地：中美洲南部和南美洲北部的低地森林

在希腊神话中，女妖（harpy）是长着鹰身和女人脸的怪物。它们会引诱毫无戒心的灵魂，然后加以摧毁。角雕是南美洲最强壮的鹰，人们很容易理解为什么角雕会以这种怪物（harpy）来命名——当人们第一次见到角雕时，一定很害怕。雌鸟的体重可以达到 10 千克，角雕的爪子大得就像熊爪一样。

尽管翼展较短（而较宽的翼展是在热带雨林捕猎所必需的），但角雕和鹰类亲属一样强大而致命。它们以各种猴子和其他哺乳动物为食，这种顶端掠食者统治着中美洲和南美洲的大片地区。

然而，由于砍伐森林，有些角雕聚集地现在已难见其踪迹。生命微妙，祸福难料。希望命运的天平向这种神奇的鸟倾斜。

华丽军舰鸟

体长：90—114 厘米
栖息地：墨西哥西海岸到厄瓜多尔、佛罗里达西海岸到巴西东海岸、加拉帕戈斯群岛、佛得角群岛

这种1米长的海鸟在外形和捕猎风格上都很像鸢。它们在空中盘旋，寻找猎物，或者伺机抢夺其他鸟类的猎物。华丽军舰鸟得名于一艘快速战舰[①]。

这种鸟不怕与其他海鸟发生冲突，抢鱼时几乎不会弄湿羽毛。在干燥的陆地上，雄鸟会鼓起鲜红色的喉囊吸引雌鸟，它们的喉囊就像一个浪漫的情人节气球。

① 指英国“二战”时期使用的华丽号(Magnificent)轻型航空母舰。

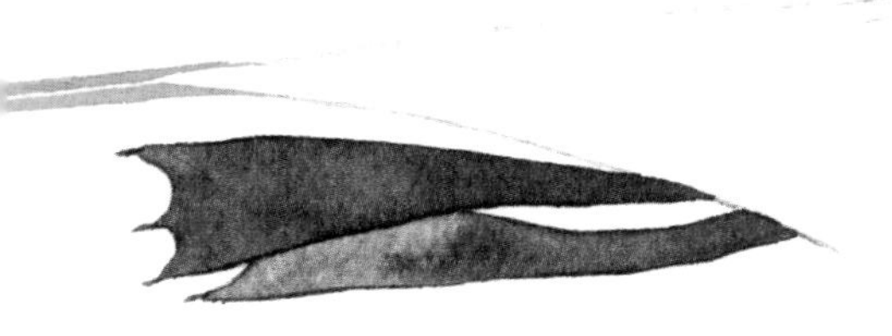

红嘴鹲

体长：48 厘米加一条长达 56 厘米的尾巴
栖息地：热带大西洋、东太平洋和印度洋

如果你遭遇海难，被冲到一个荒岛上，抬头看到一只红嘴鹲，你会认为自己被放逐到木星的一颗卫星上，这一点儿也不奇怪。这些鸟戴着眼罩，长着独特的红色喙，尾巴上的饰带能让它们的身长增加一倍，它们看起来是那么奇怪和迷人，有一种超凡脱俗的样子。

在印度洋，以及大西洋和东太平洋中的热带岛屿和群岛上，都发现了这种鸟的同种。所以，它们分布在不同的地方，但这种鸟是定栖的，全年都待在大致相同的地方。

红嘴鹲是一位飞行高手，时速可达 44 千米每小时。但它们不太会走，甚至不能站立。

南极洲

南极大陆广袤而寒冷，面积约1400万平方千米。如果想去南极，你可能需要带上溜冰鞋，因为南极大陆有98%的面积都被冰原所覆盖——世界上面积最大的冰原，平均厚度为1.6千米。那里的年平均温度从零下60℃到零下10℃，所以除了溜冰鞋，你还需要准备厚厚的羽绒服、围巾和帽子！

寒冷的南极只有45种鸟，比如，庞大的企鹅家族、信天翁类、海鸥类和海燕类以及南极鸽、蓝眼鸬鹚和南极贼鸥等。在这些鸟类中，有许多因气候变化而处于危险之中。它们繁殖率低，种群恢复的能力也较差，所以我们真的需要照顾好这颗所有生物都赖以生存的星球，让这些美丽、不可思议的鸟能世世代代繁衍生息。

我此处只选了三种南极洲的鸟。可能大家会感到不解——这片美丽的大陆上，不可思议的鸟完全可以单独占一本书了，但我不得不克制一些，只选择了两种企鹅和一种海燕，作为冰冷南极的鸟类代表。所有南极的鸟类都很令人惊叹——它们生活在如此极端的地方，对抗着冰雪和零度以下的低温。

帝企鹅

身高：120 厘米
栖息地：南极洲海岸

南极的巨人——帝企鹅是体型最大的一种企鹅，它们的身高超过 120 厘米！

帝企鹅在极地严寒的冬天繁殖，它们求偶的方式很有趣。一只孤独的雄企鹅静静地站着，头埋在胸前，发出求爱的叫声，声音持续 1—2 秒。然后，它们会在栖息地周围移动，重复求爱的声音，直到遇到雌企鹅，雄企鹅和雌企鹅面对面地站着，一只将头颈向上伸展，另一只则模仿它们，它们可以保持这个姿势几分钟。

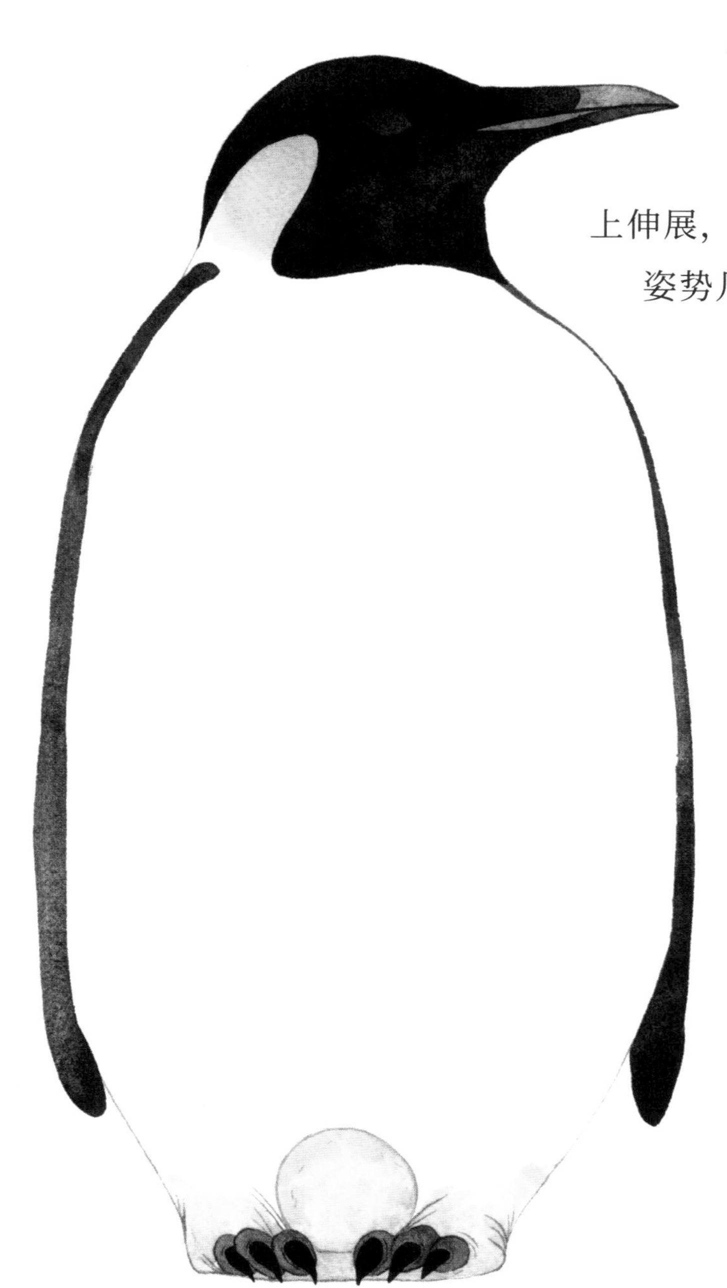

雌企鹅诞下一颗雪白的蛋，留给雄企鹅孵化。由于无法在海冰上筑巢，企鹅爸爸会把蛋放在它脚上的一个特别的长有绒毛衬里的育儿袋里，企鹅妈妈则出海觅食。在 -40°C 的条件下，雄企鹅挤在一起取暖，依靠储存的体脂死撑着，直到雌企鹅回来，之后它们一起抚养小企鹅。

由于没有固定的住址，它们不得不听声辨别伴侣和幼鸟。它们是训练有素的歌手，使用一套复杂的声音系统——所有企鹅中变化最大的是声音系统。

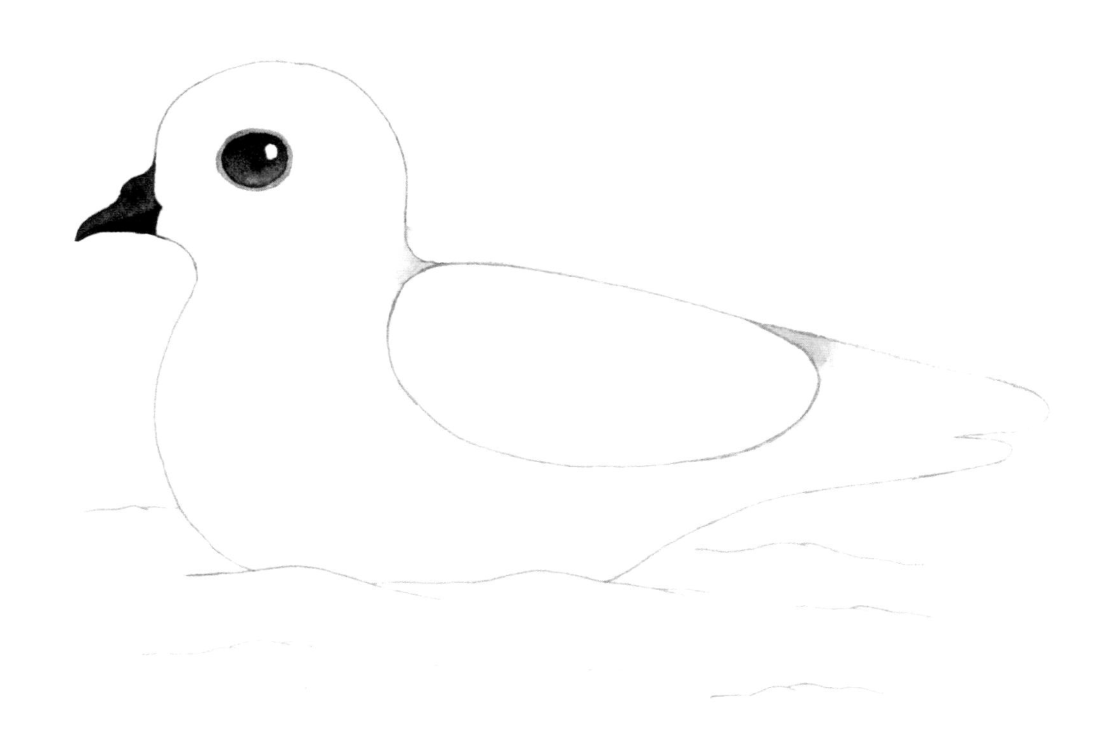

雪鹱（南极雪海燕）

体长：36—41 厘米
栖息地：南极洲海岸

在一片有 7 种企鹅的大陆上，称雪鹱为最可爱的鸟可能是不正确的，但如果是“南极洲最可爱的飞鸟”，它们可是强有力的竞争者！

这些鸟主要以鱼、磷虾和鱿鱼为生，因此必须靠近大海才能果腹。

它们是世界上最南端的鸟，繁殖地比帝企鹅还要靠南。探险家们报告说，他们在南极点看到了雪鹱。尽管它们看起来像雪球一样可爱，眼睛是黑色的，但它们可是世界上最坚强的鸟类之一——在一片大多数人都不敢踏足的土地上忍受着极端的寒冷和刺骨的寒风。

阿德利企鹅

身高：45—70 厘米
栖息地：南极洲海岸

阿德利企鹅生活在南极洲的海岸上——世界上唯一发现它们的地方。这种鸟是伟大的运动员，可以潜入 150 米的海底深处，并且屏住呼吸长达 6 分钟。尽管个头不高，但它们可以跳出水面达 3 米，然后顺利地落在冰或岩石上！

近年来，美国的研究人员通过分析南极丹杰群岛的卫星图像，发现那里的企鹅粪便数量惊人，这表明那里有大量的企鹅。人们对企鹅的数量进行了统计，2018 年确定这些岛屿是阿德利企鹅的超级栖息地——数量超过 150 万只！对这个物种来说是个好消息！

大洋洲

澳大利亚大陆是最小的大陆，面积超过 700 万平方千米，是大洋洲的一部分。大洋洲包括澳大拉西亚[①]、美拉尼西亚、密克罗尼西亚和波利尼西亚，总面积约 850 万平方千米。

大洋洲大约有 900 种鸟。其中有世界上最艳丽夺目的鸟——从令人称叹的极乐鸟、长尾鹦鹉和凤头鹦鹉到独特的不会飞的鸟，如鸸鹋和几维鸟。

鸟类生活的天堂等你来探索！

① 澳大拉西亚（Australasia）一般指大洋洲的一个地区，包括澳大利亚、新西兰和邻近的太平洋岛屿。

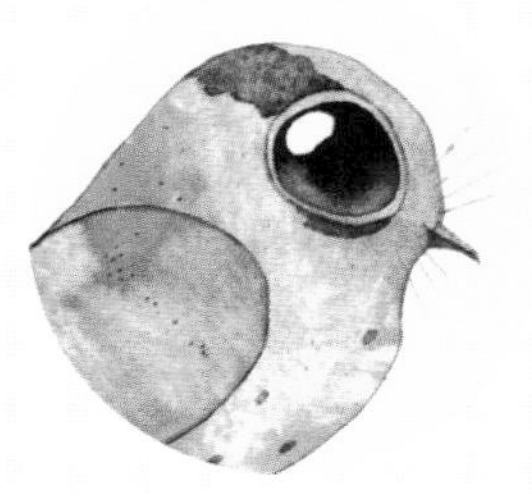

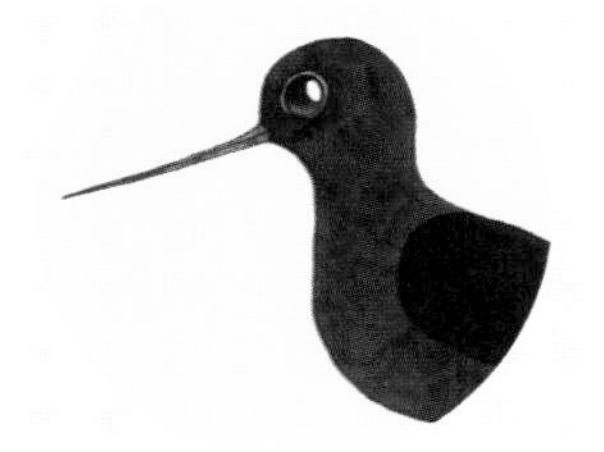

极乐鸟

巴布亚新几内亚、印度尼西亚和澳大利亚的极乐鸟科下含 40 多种鸟。其中有 15 个独立的属，包括丽色极乐鸟属、镰嘴风鸟属、长尾风鸟属、华美极乐鸟属和一些非常独特、自成一属的鸟类。它们以雄鸟的狂野色彩、夸张的羽毛和热情的求偶表演而闻名。

例如，多贝拉伊半岛极乐鸟的求偶表演，雄鸟用吸光的黑羽遮挡雌鸟的视线，然后闪烁它们霓虹蓝的胸甲和眼睛。太美了！

新几内亚岛的东部是巴布亚新几内亚，西部属印度尼西亚。极乐鸟一直被新几内亚的许多部落珍视。土著人的许多习俗和仪式都受到极乐鸟歌唱和表演的影响。传统上用作头饰的羽毛，在过去的几个世纪里也被用来制作精致的欧洲帽子。为获得这些鸟的羽毛，人类的捕猎活动日益猖獗，这些鸟中的许多种都受到了威胁，栖息地也遭到了严重的破坏。

印尼大面积的热带雨林被改造为棕榈油种植园。这种便宜的油用于饼干或肥皂等众多日常产品中。我们可以通过区别性地购买商品，来保护这些鸟。

王极乐鸟

体长：16 厘米
栖息地：新几内亚的低地森林

王极乐鸟是极乐鸟科中最小巧的一种，它们通常只有 16 厘米长；同时它们也是最明丽的鸟之一，它们有着鲜红色的背和雪白的胸脯，还有黄色的喙和蓝色的脚，而神奇的螺旋状尾羽就像两根弹簧！在求爱的过程中，这些羽毛会突然冒出来，雄鸟会完全膨胀起来，就像一个蓬松的球，以吸引雌鸟的注意。多招人喜欢啊！

蓝极乐鸟

体长：30 厘米
栖息地：新几内亚森林

蓝极乐鸟（左图）被认为是最好看的鸟之一。这种令人惊异的生物有着灿烂的蓝色翅膀、火红的翅下羽毛和丝带般纤细的尾羽。

雄鸟会倒挂在树枝上展示自己华丽的装饰，同时扇动背上黑色的椭圆形羽毛。这是为一位隐藏在林中的特别的雌鸟而进行的表演。

萨克森极乐鸟

体长：22 厘米外加 50 厘米羽毛
栖息地：新几内亚的高地森林

萨克森极乐鸟头上有两根神奇的天线状饰羽，其实并没有什么实际用途，反而看似是一种负担。这些附属物在鸟类世界中是独一无二的——以至于当第一个萨克森极乐鸟的标本被带回欧洲时，人们认为这些附属物是假的！

到了繁殖季，雄鸟进入自己的领地，创造一种超凡脱俗的表演：它们会抖动着前进，尖叫着发出嘶嘶声，鼓出头上的羽毛。

威氏极乐鸟

体长：16 厘米
栖息地：西巴布亚（印度尼西亚）外的岛屿

威氏极乐鸟无疑是印度尼西亚最奇怪的鸟之一，它们体型虽小，但色彩丰富。对我和其他20世纪70年代的孩子来说，它们看起来就像“西蒙游戏”（不懂就问大人吧）[①]。它们的尾羽看起来像是卷曲上拉好几个小时了。雄鸟等待雌鸟来访时，会清理地面上的树叶和碎屑。当雌鸟来时，没有什么能让它们从雄鸟身上分心，除此外，雄鸟还会对雌鸟闪动荧光绿的颈。雄鸟的叫声听起来像玩具汽车的报警器，它们唱歌，鼓气，舞蹈，炫耀自己的颜色。这种明艳的小鸟是在印度尼西亚的一些岛屿上发现的，和它们在新几内亚的同伴只有一步之遥。

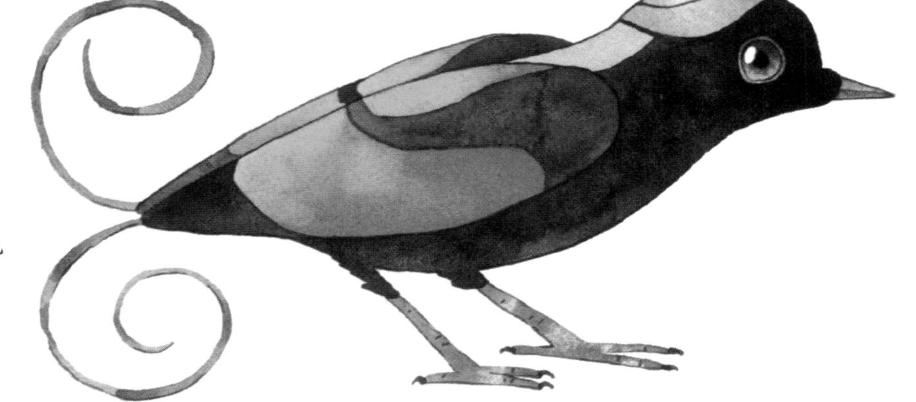

① 西蒙游戏（Simon Game）是风靡西方数十年的一款游戏。游戏规则是，让玩家记住不同颜色的灯的亮灯。顺序后，依次点击灯，如果次序与 AI 给予的次序相同，则游戏继续并增加难度，否则游戏结束，重置游戏。颜色一般有红、绿、黄、蓝。

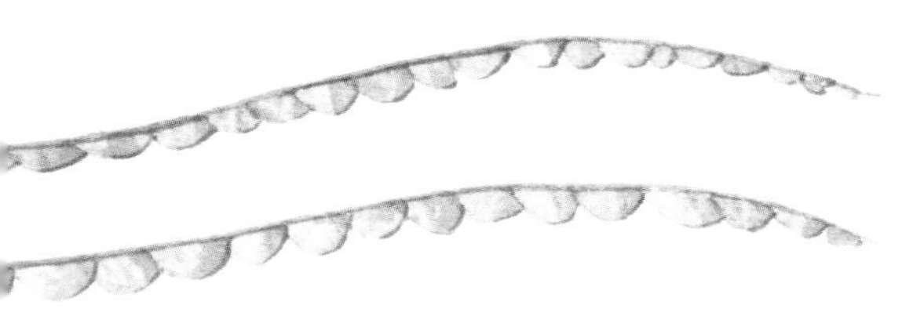

戈氏极乐鸟

体长：33 厘米
栖息地：巴布亚新几内亚的弗格森岛和诺曼比群岛

新几内亚的极乐鸟属可能是最容易辨认的极乐鸟。其中，戈氏极乐鸟尤其美妙。它们有粉红相间的侧羽，令人震惊的硫黄色躯体和光滑的绿油油的胸部，这些共同构成了它们绚烂的色彩。戈氏极乐鸟的生活区域很小——弗格森岛和诺曼比群岛的山林中，因此它们所受的威胁越来越大。

小掩鼻风鸟

体长：25 厘米
栖息地：澳大利亚昆士兰东北部

小掩鼻风鸟是在澳大利亚东北部的一个特殊地区——昆士兰州的阿瑟顿高原上发现的。对外行来说，它们看起来并不显眼，但当光线合适，时机恰好的时候，这只风鸟会成为明星。雄鸟的喉部有一片闪亮的蓝色羽毛。当时机成熟时，它们喜欢用一系列舞蹈动作来吸引雌鸟的注意，翅膀僵硬地撑成椭圆形。它们跳着，轻拍着翅膀，张大了嘴，据说它们从喉部的羽毛中反射出来的光对雌鸟有催眠的作用。

绶带长尾风鸟

体长：32 厘米加上长达 100 厘米的尾巴
栖息地：新几内亚的中央高地

绶带长尾风鸟是一种色彩斑斓的鸟，浑身深紫色和蓝丝绒色相间，喙上方长着蓬蓬的羽毛。它们身后拖着丝带般的尾羽，包括尾巴在内，这些惊艳的鸟身长超过了 1 米。当它们飞过新几内亚的森林高地的时候美极了，但由于栖息地的丧失，它们不幸地被归为“濒危物种”。

笑翠鸟

体长：39—42 厘米
栖息地：遍布澳大利亚东部，一些在澳大利亚西南部

先是一阵咯咯的笑声，然后又是一阵咯咯发笑，继而是一阵哈哈大笑的声音，接着引来了整个森林里更多的笑声。它们似乎会永远笑下去，而且声音非常大。你据此可以识别笑翠鸟和它们的伴侣。

作为澳大利亚的特色，这种鸟和袋鼠以及考拉一样，是这个国家的代名词。笑翠鸟是翠鸟科中最大的成员，雄鸟和雌鸟终生做伴，和一窝又一窝的后代生活在一起，发出快乐的笑声。人们经常发现它们在烧烤架周围徘徊，它们可能是在等香肠。某些地区禁止投喂笑翠鸟，因为这些鸟已经太胖，飞不起来了——周围要是有猫就不妙了。

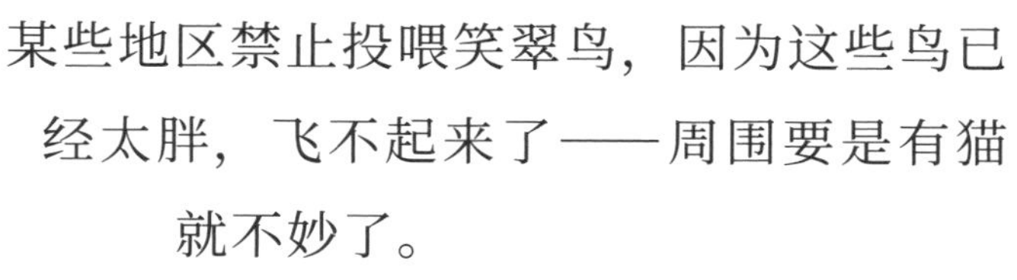

白颈麦鸡

体长：30—37 厘米
栖息地：遍布澳大拉西亚

白颈麦鸡在澳大拉西亚随处可见。从远处看，这种珩科鸟很像其他涉禽，直到你走近一点儿，才会意识到它们看起来像一个蒙面强盗！白颈麦鸡习惯在任何平坦的地方筑巢，这意味着它们应该离人类很近。但是它们又受不了人类！它们通常喜爱在湿地生活，是一种害羞的鸟。所以当筑巢季到来时，它们会变得有点儿暴躁。当这位鸟类世界的奈德 · 凯利[1]在你头上飞翔时，它们翅膀上的刺会闪闪发光！

① 澳大利亚 2003 年电影凯利党中的主人公。

红玫瑰鹦鹉

体长：36 厘米
栖息地：澳大利亚东南部和附近的岛屿，澳大利亚昆士兰北部沿海

黄玫瑰鹦鹉（左图）和橙玫瑰鹦鹉（右图）是红玫瑰鹦鹉的两个亚种——信不信由你！但它们的羽毛有着明显的不同。玫瑰鹦鹉如寒鸦大小，是色彩斑斓的鹦鹉。它们明亮而美丽，令人叹为观止。它们不那么害羞，很乐意让你看，甚至吃你手中的食物。这种友好的天性使玫瑰鹦鹉在近些年中成为人们倍加渴求的宠物。

然而，友善和美丽的背后可能也有邪恶的阴暗面。在繁殖季，雌鸟会飞进其他雌鸟的巢里，破坏鸟蛋。我本以为这种鸟会保护自己的同类！它们也可能成为狐狸、野猫、强大的猫头鹰及其他动物的目标。

棕树凤头鹦鹉

体长：55—60 厘米
栖息地：澳大利亚北部、新几内亚

棕树凤头鹦鹉是澳大利亚最大的鹦鹉，炭黑色，红脸颊，拥有一副惊人的长相。和所有的凤头鹦鹉一样，它们拥有奇妙的顶饰。这是一种复杂的沟通工具，类似鸟的发音系统。棕树凤头鹦鹉与配偶终生为伴，会经常鞠躬向伴侣和其他鸟打招呼。雄鸟有一种独特的吸引和寻觅伴侣的方式。它们会用剪刀一样的喙折断一根棍子，站在一棵枯树上，像敲鼓一样一遍又一遍地敲打它们。鼓点引诱雌鸟靠近，雄鸟挥舞翅膀，开始梦幻般的表演。它们红红的脸颊，又大又结实的喙，显示出它们是这里最好的棕树凤头鹦鹉。

粉红鸲鹟

体长：13 厘米
栖息地：澳大利亚东南部、塔斯马尼亚

这些可爱的鸟，生活在澳大利亚东南部和塔斯马尼亚，与欧洲的知更鸟（robin）和美洲的知更鸟没有太大的亲缘关系。当欧洲人在 18 世纪到达澳大利亚时，人们用家乡更常见的鸟来命名当地的鸟。这种鸟真是太可爱了。这种完美的雀行目鸟类绝对是一种绘画爱好者乐于发现的目标——可以想象，如果能欣赏到它们，那该有多好。雌鸟有一种柔和的美，但真正闪耀的是雄鸟（如图所示）。它们似乎是由棉花糖做的，头很黑，像没有月亮的夜晚一样。太魔幻了！

发冠卷尾

体长：30 厘米
栖息地：澳大利亚北部和东部沿海、巴布亚新几内亚、印度尼西亚

这种鸟的黑色羽毛上点缀着蓝色和紫色的斑点。它们有一条惊人的尾巴，看起来有点儿像两条尾羽交叉到了一起，如同你交叉手指[①]。也许它们是在祈求好运！发冠卷尾有很多种叫声，模仿声音的能力也很强。它们也非常敏捷——当它们到城区游玩时，能抓住当地人扔到空中的食物！

澳大利亚人有一句奇怪的骂人话与此鸟有关。在 20 世纪 20 年代，一匹赛马就是以这种鸟命名的（Drongo），结果它输掉了所有比赛。从那以后，这个词（Drongo）在澳大利亚就是“傻瓜”的意思！

---

① 一般中指和食指交错，表示祈祷好运。据传起源于英法百年战争期间。

翠蓝鹦鹉

体长：18 厘米
栖息地：波利尼西亚的马克萨斯群岛

在太平洋的另一边，澳大利亚和南美洲之间有一片岛屿，叫马克萨斯群岛。这个拥有雪白海滩、漱口水般湛蓝的海洋、深绿色的雨林和壮观日落的热带天堂，为翠蓝鹦鹉提供了完美的栖息环境。这种稀有的蓝色小水鸟白天以丛林花朵和椰子树的花蜜为食，在木槿树的树荫下休憩。可悲的是，森林砍伐，猫和老鼠的侵入，已经危及到了令人称奇的翠蓝鹦鹉。希望我们能够保护这种鸟类世界的瑰宝。

七彩文鸟和斑胸草雀

体长：
七彩文鸟：12—14 厘米
斑胸草雀：10—12 厘米
栖息地：
七彩文鸟：澳大利亚北部
斑胸草雀：澳大利亚大陆大部分地区、印度尼西亚小巽他群岛

这两种美丽的鸟都生活在澳大利亚的丛林中。色彩鲜艳的七彩文鸟只在澳大利亚北部的农村出现，而更温柔的斑胸草雀在整个澳大利亚农村和印度尼西亚小巽他群岛都有踪影。

它们让澳大利亚辽阔、干旱和极其古老的内陆变得生机勃勃，可许多人只能在宠物商店、笼子和鸟舍里看到它们，听到它们的声音，这真是一种耻辱！

斑胸草雀的叫声听起来就像一个小玩具在吱吱作响！每只雄鸟都有不同的歌声，但雏鸟会随意模仿父亲或另一位雄鸟导师的歌声。在丛林中听到这些吱吱作响的声音是一种乐趣——尤其对澳大利亚中部土著部落的居民来说。他们知道一旦听到“呢呢”的叫声，就说明附近有水，可以循声觅到水源。它们如同沙漠中的绿洲。

辉蓝细尾鹩莺

体长：14 厘米
栖息地：澳大利亚中部，新南威尔士州中部和昆士兰

我爱这个名字！澳大利亚内陆的辉蓝细尾鹩莺令人叹为观止，极具魔力。

求偶始于雄鸟的舞蹈，这看起来有点儿像海马的动作——缓慢下降到地面，然后快速上升到空中，接着，这些青色的林地精灵会为它们的爱人收集叶子和花瓣。它们更钟情粉红色和紫色，因为这样的礼物与它们蓝色的外表形成鲜明对比，相得益彰。当它们按照自己的意愿收集物品时，通体闪光，太迷人了。

黑白扇尾鹟

体长：19—21 厘米
栖息地：澳大利亚大陆（包括中心沙漠）、巴布亚新几内亚、印度尼西亚

黑白扇尾鹟是澳大利亚、新几内亚和印尼东部一种常见的鸟。它们以对人类和农场动物亲近友好的天性而闻名（它们将农场动物的背当作栖息之处，捕捉昆虫等猎物）。不过，我们的朋友黑白扇尾鹟对同伴却不是那么友善，它们好斗，而且有领地意识。众所周知，为了保护自己的领地，它们会攻击较大的鸟，如笑翠鸟、乌鸦，甚至鹰。

当不用驱赶入侵者时，黑白扇尾鹟喜欢闲谈，抓抓这，看看那，摇摇尾巴。不要把它们和白鹡鸰弄混。黑白扇尾鹟是从左向右摆动尾巴，而白鹡鸰和同伴则上下摆动尾巴。就是这么简单。

澳洲裸鼻鸱

体长：21—25 厘米
栖息地：澳大利亚东海岸、阿德莱德地区、凯恩斯地区

当你去澳大利亚看到它们，你也许就能理解我为什么对它们着迷了。澳洲裸鼻鸱是一种有如幽灵、如外星、看似超自然和宇宙般的生物。它们的名字都那么酷。它们也被称为“蛾猫头鹰”。这可能因为它们在黄昏时捕食昆虫。但对我来说，“蛾猫头鹰”这个名字让我想起了半蛾半猫头鹰的形象。太神奇了！澳洲裸鼻鸱在大洋洲到处可见。它们是夜行动物，眼睛很大，嘴巴张开。在新西兰，甚至有一种不会飞的澳洲裸鼻鸱，可惜在 19 世纪就灭绝了。现在我们只能想象它们的样子了。

黑喉钟鹊

体长：28—32 厘米
栖息地：除南澳大利亚和塔斯马尼亚外的澳大利亚

永远不要用名字来评价一种鸟。黑喉钟鹊（pied butcherbird）这个恐怖片一样的名字[①]可能会让你想起被谋杀的鸟和被荆棘刺穿的爬行动物。实际上，它们看起来像一只笨重的喜鹊。不过，它们是肉食动物，以昆虫、青蛙、老鼠或小型脊椎动物为食。它们甚至还吃麻雀和鹡鸰扇尾鹟这样的小鸟。以上请别放在心上，只管闭上你的眼睛，在黎明或月夜聆听它们的歌声。那些独奏小夜曲，以及和声二重奏本身就是天堂黎明时分的鸟鸣声。

① 字面意思：杂色的屠夫鸟。

冠鸠

体长：30—34 厘米
栖息地：澳大利亚各地

这只头发如钉的“朋克”只是澳大利亚众多神奇鸽子中的一员，除此外还有斑姬地鸠、髻鸠、粉顶果鸠和冠翎岩鸠。它们的共性是错综复杂的标记和缜密的配色。

冠鸠不仅漂亮，而且非常受欢迎！虽然它们经常成对出现，但它们是一种喜欢群居的鸟。它们甚至还想出了一种保护鸟群的方法。当受到惊吓时，它们会飞向空中，用翅膀发出尖厉的声音。这是风吹到特殊羽毛时，激发的声音。尖厉的警报声警告其他冠鸠，附近有捕食者，同时也可以分散捕食者的注意力。冠鸠真是既漂亮又聪明！

猛鹰鸮

体长：45—65 厘米
栖息地：澳大利亚东海岸

顾名思义，这种猫头鹰蛮力十足。猛鹰鸮高达 65 厘米，是澳大利亚大陆上最大的猫头鹰，长相非常像鹰。与大多数猫头鹰不同，猛鹰鸮不需用圆盘一样的面部来精确定位猎物，它们眉毛很浓，面如猛禽。这种顶端捕食者会从一棵树滑到另一棵树上寻找猎物。森林里几乎所有的活物都在它们的食单上，从鸟类到蝙蝠，从老鼠到兔子，但主要是树栖哺乳动物，如考拉和负鼠。很高兴我在这里画的是负鼠而不是考拉！不幸中的万幸，负鼠不用遭罪，会很快死去，这样的利爪攻击目标的力量通常意味着迅速死亡。

斑布克鹰鸮

体长：26—29 厘米
栖息地：新西兰、塔斯马尼亚

斑布克鹰鸮是澳大利亚最小的猫头鹰，它们有很多外号，这不是开玩笑！它们也叫“斑点猫头鹰”“mopoke”“gogoomit”“gugurda”“kuku mat”和“woroongu”，其中大多数，包括标准名和原住民所呼之名，通常代表它们的鸣声——一种两个音符的哀歌，整晚响起，每分钟 20 声，极为催眠。它们的叫声可以持续好几个小时。

茶色蟆口鸱

体长：34—53 厘米
栖息地：澳大利亚大陆的大部分、塔斯马尼亚

说一句大胆的话，茶色蟆口鸱和英国的棕色猫头鹰一样迷人，令人陶醉。它们看起来像有胡须的猫头鹰。它们的斑纹非常适合在林地里伪装，空灵的大眼睛便于它们在夜间捕捉猎物。和猫头鹰一样，茶色蟆口鸱也有自己的特点。它们在蟆口鸱科（包括欧夜鹰、林鸱和油鸱）中特别奇怪，是澳大利亚最常见的鸟。

除了有一张巨大的嘴，茶色蟆口鸱的特别之处是它们似乎有一种秒变“树枝”的能力。当它们休息时，它们的头向上伸展，身上独特的图案使它们和树混在一起，几个小时都不动。你可以靠得很近，它们却纹丝不动，但你可能会看到一只眼睛从紧闭的眼睑中的微小缝隙向外窥视，看起来就像是在微笑，似乎在想“你永远也发现不了我”。多迷人啊！有时，茶色蟆口鸱会张开嘴躲起来，希望有昆虫进到嘴里，然后很快把嘴合上。我在想，要是掉进一个椰子就有意思了。咔嚓嚓！

华丽琴鸟

体长：30 厘米加上长达 70 厘米的尾巴
栖息地：澳大利亚东南部的森林

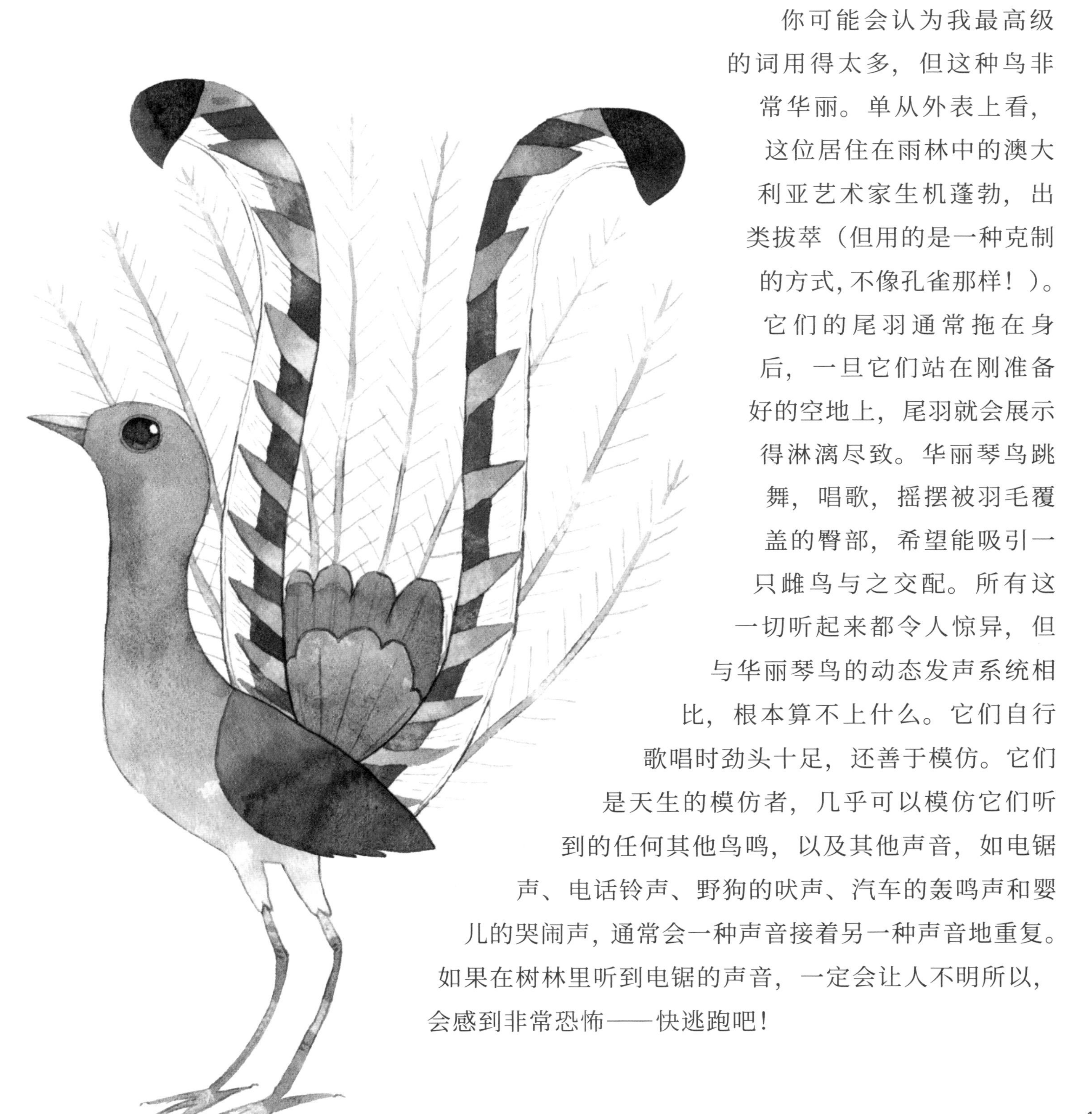

你可能会认为我最高级的词用得太多，但这种鸟非常华丽。单从外表上看，这位居住在雨林中的澳大利亚艺术家生机蓬勃，出类拔萃（但用的是一种克制的方式，不像孔雀那样！）。它们的尾羽通常拖在身后，一旦它们站在刚准备好的空地上，尾羽就会展示得淋漓尽致。华丽琴鸟跳舞，唱歌，摇摆被羽毛覆盖的臀部，希望能吸引一只雌鸟与之交配。所有这一切听起来都令人惊异，但与华丽琴鸟的动态发声系统相比，根本算不上什么。它们自行歌唱时劲头十足，还善于模仿。它们是天生的模仿者，几乎可以模仿它们听到的任何其他鸟鸣，以及其他声音，如电锯声、电话铃声、野狗的吠声、汽车的轰鸣声和婴儿的哭闹声，通常会一种声音接着另一种声音地重复。如果在树林里听到电锯的声音，一定会让人不明所以，会感到非常恐怖——快逃跑吧！

鹭鹤

体长：55 厘米
栖息地：新喀里多尼亚

鹭鹤来自南太平洋的新喀里多尼亚群岛，它们不会飞，但非常美丽，在当地被称为“森林的幽灵”。它们苗条纤细，羽毛呈灰白色，半透明，这种梦幻般的生物在受到威胁时，会竖起冠饰，展开翅膀，进入全面的防御模式。

这种林地鸟总是成对或成群地出现，它们结为伴侣并终生为伴。雄鸟努力不断地给伴侣留下深刻的印象，以加深感情。雏鸟成熟后，会成群活动，直到它们各自找到伴侣，抚养下一代雏鸟。

19 世纪中期以后，鹭鹤数量急剧下降，这令人感到担忧。它们不仅受到被人类带进来的老鼠和宠物的攻击，人们本身也喜欢捕获它们，把它们当作宠物。许多鹭鹤被送到了欧洲，孤独地站在某个庄园的池塘里，遥想葱郁的森林故园。幸运的是，往事已矣，鹭鹤现在在国家公园受到保护，安然无恙。

南秧鸡

体长：63 厘米
栖息地：南岛（新西兰）

南秧鸡体型大，呈紫色和青绿色，在 19 世纪末被猎杀，并被送往博物馆。人们认为南秧鸡灭绝多年，直到 1948 年，新西兰南岛的一个荒凉山谷里人们又发现了它们的踪迹。这种巨大的不会飞的秧鸡（世界上最大的秧鸡）看起来像巨大的史前黑水鸡，它们有很大的红色头盖，健壮的腿，可以疾速奔跑。它们的名字（takahe）来自毛利语，意为“跺脚”。这样的大鸟对毛利人和后来的定居者来说都是很好的食物。幸运的是，一些南秧鸡设法逃脱，自从迁到惠灵顿附近的一个岛屿后，它们的数量每年都在稳步上升。

黑长脚鹬

体长：40 厘米
栖息地：南岛（新西兰）

涉禽是在海岸线地带、河床和泥滩上活动的鸟。它们会用长喙在泥土或沙子里寻找食物。在涉禽中，黑长脚鹬的红色长腿和全黑的轮廓呈现简洁而经典的时尚外观。同样迷人的是它们的近亲反嘴鹬——英国慈善机构皇家鸟类保护协会（RSPB）的标志。

尽管反嘴鹬的数量处于良性状态，但黑长脚鹬却是目前世界上最稀有的涉禽。它们只出现在新西兰南岛，截至 2018 年，那里只有 132 只成年的黑长脚鹬。听起来并没有多少，但考虑到 1981 年时只有 23 只，进步已经很可观了。继续努力吧！

北岛垂耳鸦

体长：38 厘米
栖息地：新西兰北岛

这种美丽的瓦灰色森林鸟极其稀有，仅生活在新西兰。曾经有两种垂耳鸦，北岛垂耳鸦和南岛垂耳鸦，现在人们认为后者已经灭绝了。北岛垂耳鸦很美丽，有华丽的蓝色肉垂。和许多陆生鸟类一样，自从人类到来（不到 1000 年前，人们进入新西兰），引入了宠物和害虫之后，它们就一直受到侵扰。垂耳鸦有一个小技巧，能够短距离飞行。当被追赶时，它们会从一根树枝爬到另一根树枝上，然后像鼯鼠一样滑翔而逃。希望它们能有更多的技巧，远离伤害。

鸮面鹦鹉

体长：58—64 厘米
栖息地：新西兰没有鸮面鹦鹉的捕食者的岛屿

新西兰有两种独特的鹦鹉：鸮面鹦鹉和啄羊鹦鹉。在一个遍地奇鸟的大陆上，这只肥胖又不会飞的鸮面鹦鹉，仍然是进化过程中引人注目的一种生物。这个物种认为自己处在满是树叶和食物的土地上，周围没有捕食者，没有必要学习飞行，继而失去了飞行能力。鸮面鹦鹉在夜间活动，吃嫩叶，拥有类似猫头鹰的脸盘、胡须和强壮的腿——这些非常适合用来爬树和用翅膀空降至地面。当人类到达岛上的时候，鸮面鹦鹉陷入严重的危险之中。人类和他们的狗发现这种陆生鸟类很容易捕获。鸮面鹦鹉的防御策略是完全站立不动，寄希望于羽毛能够帮助它们隐藏位置。不幸的是，这种鸟有一种非常独特的气味，所以难以对抗群狗。起初，鸮面鹦鹉遍布新西兰各地，在过去的 50 年里，新的保护项目已将这些鸟转移到了没有捕食者的岛屿上。谢天谢地！

啄羊鹦鹉

体长：48 厘米
栖息地：新西兰南岛的森林

啄羊鹦鹉是世界上唯一的山地鹦鹉。它们以虫子、植物、鸟类等为食。它们甚至会攻击羊。这些高智商的解谜者很快就意识到它们可以利用人类和人类的午餐。当它们旅途中没有足够的食物时，甚至知道如何撬开汽车去寻找美味。

啄羊鹦鹉细长而弯曲的喙非常适合刺入羊富含脂肪的背部，也是打开车窗的绝佳工具。幸运的是，它们只会拿走你的食物，而不是开走你的车！随后，它们展开暗淡的彩虹翅膀，飞下山去。多年来，岛上的居民与这种无耻的、破坏性极强的鸟有着爱恨交织的关系。因遭遇猎杀，它们现在濒临灭绝，需要受到保护。对这个来自山区、绝顶聪明的家伙来说，它们现在更需要的是关爱。

亚洲

亚洲是地球上最大的大陆，面积超过 4400 万平方千米，约占地球陆地总面积的 30%。亚洲也是世界上人口最多的大陆。

亚洲南面是印度洋，北接北冰洋，东面是太平洋。

亚洲有很多种鸟，据最新统计，超过 3700 种——从食猴鹰到令人目眩的孔雀，从霸鹟到啄花鸟。

这块大陆上有很多令人称奇的鸟，值得我写一整本书。不过，以后再说吧！

朱背啄花鸟

体长：9 厘米
栖息地：遍及亚洲南部，包括中国、老挝、不丹

在南亚和东亚有许多不同种类的啄花鸟。它们都喜欢啄食花朵，主要呈单调的绿色。但也有一些例外，包括这里的朱背啄花鸟。它们学名的一部分“Cruentatum”意思是“血迹”，因为它们的后背上有一条车道般的条纹！在我看来，它们就像是穿着超级英雄的服装来到学校的学生。实际上，啄花鸟确实有着某种超能力——它们有一条管状的舌头，这是专门为吮吸花蜜而设计的。

凤头树燕

体长：23 厘米
栖息地：印度、东南亚（包括印度尼西亚）、新几内亚

普通雨燕是一种神奇的鸟，但图中这种树燕另有特色。我喜欢英国的雨燕，因为它们有分叉的尾羽、钛战机①般的尖叫，它们飞来就预示着夏天即将降临。实际上，凤头树燕并不属于雨燕这一科，它们为森林而生。它们可以用脚挂在树上栖息，而普通雨燕从不“坐”下来，所以它们的脚就显得“不实用”了，它们只能攀附在立面上，帮助它们尽可能快地飞行。人们已经证实，普通雨燕能在空中连续飞 10 个月！凤头树燕无法与之相比，但它们不需要飞得这么高，就可以一起游逛，在树顶上一起歇息，扬起它们那神奇的额羽。所以结论很简单——我喜欢所有雨燕。

① TIE 战机是《星球大战》里的一种星际战斗机，全名为“双离子引擎战斗机（Twin Ion Engines fighter）”，是银河帝国的象征之一。

黑头咬鹃

体长：30 厘米
栖息地：印度西海岸、斯里兰卡

黑头咬鹃隐藏在南印度——它们家园的树梢上，很容易被忽略。它们像乌鸦一样驼着背，繁复的斑纹和斑驳的光线混在一起，你很容易与它们擦肩而过。然而，如果你用双筒望远镜放大观察，就会见识到森林中最美丽的鸟之一。它们有鲜艳如红宝石般的胸部、格子花样的侧翼、古怪的蓝色喙和眼膜。值得看一看这种鸟。

黑冠椋鸟

体长：20 厘米
栖息地：
冬季：印度、尼泊尔、斯里兰卡
夏季：喜马拉雅山

黑冠椋鸟是印度次大陆一种群居的普通鸟类。这种鸟留着大背头，鸣声响亮，个性活泼，就像一个迷人的宝莱坞电影明星！黑冠椋鸟性格非常外向，成对或成群出没，喋喋不休，不停地嬉闹，自得其乐。它们不在乎谁在看着它们。

红颈绿鸠

体长：23—30 厘米
栖息地：东南亚

这是长翅膀的老鼠吗？野鸽被视为城市街道的祸害，但如果它们像这些精致的尤物一样迷人，我们还会这么刻薄吗？合适的环境下处处有红颈绿鸠的身影，这会给城市环境带来光彩，是一件美好的事情。不幸的是，红颈绿鸠偏爱马来西亚、柬埔寨和东南亚其他地方的茂密的热带雨林。所以你最好带上你粉红色的夏装，去寻找这些自然奇观。

马拉啸鸫

体长：25—30 厘米
栖息地：印度西海岸

我喜欢这种蓝鸟，不是因为它们的颜色，而是因为它们神奇的歌声。它们在当地被称为“懒惰的学童”，马拉啸鸫的晨鸣有一种迷人的似人声的感觉，它们的绰号（Malabar whistling thrush, whistling 意为吹口哨）很恰当。听这种叫声，你完全可以想象，一个男孩在上学的路上犹豫不决，拿着一堆书，边踢石头，边心不在焉地吹口哨。他什么事都可以做，但就是不按时到校。多么可爱啊！

火尾绿鹛

体长：11—13 厘米
栖息地：不丹、中国、印度、缅甸、尼泊尔的森林

火尾绿鹛（下图）的羽毛令人难以置信——这种鸟看起来像是精心制作的手绘小工艺品，原色笔触明丽，光彩渐淡，周围是一圈黑色的轮廓。它们出现在不丹、中国、印度、缅甸和尼泊尔，这些戴着面具的翡翠色的小鸣禽是相当微型的艺术品。人们很难找到它们，它们广阔的栖息地说明它们目前还未受到威胁。

寿带鸟

体长：19 厘米加上长达 30 厘米的尾巴
栖息地：印度次大陆、中亚、缅甸

霸鹟科鸟形态各异，大小不一，分布在世界的各个角落，其中有些种类的外形比其他鸟更豪华。寿带鸟以自然的红褐色色调或亮白色著称。寿带鸟耐心地等待，热切地扭动着身体，等待飞过的苍蝇，然后跃起从空中抓住它们。它们的尾巴像体操运动员的丝带[1]一样在森林中摆动，然后它们回到最爱的栖息地，在那里，它们将按部就班地进行日常的活动。

① 此处指艺术体操运动员。

红脚隼

体长：30—36 厘米
栖息地：
　冬季：西伯利亚、中国北部
　中途：印度
　夏季：南非

这种隼是一种真正具有迷惑性的猛禽。红脚隼从东北亚一直飞到南非，这是一次史诗般的旅程！这种出类拔萃的鸟成群结队地飞行，在到达南非之前，飞往印度洋的途中经过印度。印度各地都对它们极为珍视，但很不幸，它们吸引了更偏远地区的猎人。希望人类停止伤害它们，愿这群红脚隼永不解散。

拿岛皱盔犀鸟和灰犀鸟

体长：

拿岛皱盔犀鸟：66 厘米

灰犀鸟：45 厘米

栖息地：

拿岛皱盔犀鸟：拿孔达姆（印度）

灰犀鸟：遍及印度、巴基斯坦、尼泊尔

他俩看起来就像电影里的大坏蛋！灰犀鸟（右图）生活在印度，而它们色彩更为丰富的朋友只生活在拿孔达姆岛上。所有的犀鸟都大而强壮，以水果和小动物为食，它们咀嚼食物，并仰头吞进嘴里。在亚洲和非洲发现了 50 多种不同的犀鸟，这只是其中我最喜欢的两种。看看它们神奇的外观，你就知道我为什么喜欢它们了。

蓝孔雀

体长：100—120 厘米加上长达 110 厘米的尾巴
栖息地：印度、斯里兰卡、南亚（但全世界各地都有引进）

雄鸟通常被称为“peacock”，而雌鸟则被称为“peahen”。雄鸟是炫耀的代名词，外观确实震撼人心。它们绿松石色的“裙子”，有 1 米多长，在身后散发着优雅的魅力，就像为自己做了一个色彩斑斓的广告。雄鸟呼唤雌鸟前来观看，它们扇动着尾羽，大摇大摆，闪闪发光，然后迎来了最后一个节目——它们的尾羽完全展开，羽毛上仿佛有眼睛在其中闪烁。雌鸟可能会看它们一眼，但通常都在做自己的事情，完全不知道发生了什么。

在英国，我们经常可以看到蓝孔雀在富丽堂皇的庄园里跑来跑去，鸣叫、炫耀、偷吃三明治的面包皮。所以，在印度森林一个雾蒙蒙的清晨，能看到一只光彩照人的孔雀，发出幽灵般萦绕不去的叫声，是多么令人高兴的事情啊！

长尾缝叶莺

体长：10—14 厘米
栖息地：热带亚洲，包括巴基斯坦、印度、斯里兰卡、中国南部、印度尼西亚

人们常常听到长尾缝叶莺的声音，但不常见到它们，长尾缝叶莺是一种害羞的生物，栖息地遍布亚热带地区。它们是鸣禽的一员，和所有的鸣禽一样，它们是一种声音清脆的鸟。长尾缝叶莺是技艺高超的建筑师。它们的巢是用树叶紧密编织而成，构成了一个杯状结构，再用蜘蛛网缝合住。它们为后代创造了一个奇妙的伪装的生态家园。如果未经训练，很难找到这种鸟巢，因为鸟巢是用树叶的上表面向外弯曲编造而成的。

棕胸佛法僧

体长：26—27 厘米
栖息地：阿拉伯半岛东部、印度、斯里兰卡、孟加拉国

棕胸佛法僧巨大而美丽，呈海蓝色、绿松石色和赭色，它们的自然栖息地是开阔的草原和灌木林，但它们经常在印度的路旁停留，在沿着道路支起的高高的电线上栖息。它们环顾四周，寻觅大虫子和小蜥蜴。它们发现猎物时，会展开令人惊叹的沙滩毛巾一样的翅膀，俯冲到猎物身上。它们也很聪明，能够跟着拖拉机，伺机捕捉可能被拖拉机惊起的无脊椎动物。真厉害！

菲律宾雕

体长：86—102 厘米
栖息地：菲律宾

菲律宾雕是世界上最大的鹰之一。这种可怕的猛禽在菲律宾森林茂密的岛屿上安家，并由此得名。这位英俊的蓝喙“军阀”统治着群岛的热带雨林和丛林，它们穿过灌木丛，以狐猴、鼯鼠、蛇和很多猴子为食。人们甚至会直接称之为“食猴鹰”！但无论这些鹰多么善于狩猎，它们现在也已经濒临灭绝，并因此而受到高度保护。不是因为它们吃掉了所有的猴子，而是因为人类破坏了它们的栖息地。尽管如此，菲律宾仍在做很多事情来保护它们。这种鹰被定为菲律宾的国鸟，如果猎杀一只菲律宾雕，将被处以最高 12 年的监禁和巨额罚款。

大盘尾

体长：30 厘米加上长达 30 厘米的尾巴

栖息地：亚洲南部，包括印度、缅甸、马来西亚、印度尼西亚

作为卷尾科（见第 98 页）的一员，大盘尾不仅仅有一个有趣的名字。它们是一种散发光泽的大鸟，有一头漂亮的冠羽和长而尖刺状的尾羽。看它们飞行时，你可能会产生一种错觉，以为这只鸟正被两只黑蛾紧紧跟随。它们捕猎时威风凛凛，看起来像一只巨大的霸鹟鸟，它们在空中捕捉昆虫，然后回到栖息地。它们还相当擅长“鸟类的语言学”。它们并不是一个好的歌手，但剽窃能力一流，它们能模仿其他鸟类的叫声，并巧妙地利用其他鸟类的警报声搅乱它们，偷走它们捕获的虫子。大盘尾是敏锐的强盗，乐于抢夺别人的食物。它们的确很聪明。

棕尾虹雉

体长：70 厘米
栖息地：从阿富汗途经喜马拉雅山到不丹

这种非常讨人喜欢的雉鸟生活在中亚高地。这种喜欢山林的鸟在许多国家都有踪迹，名称也有很多，已经俘获了各国人民的心。它们是尼泊尔的国鸟，也出现在印度北阿坎德邦的邦徽上。它们在斜坡上安家，羽毛光彩夺目，景象令人瞠目。当冬天来临，雪花覆盖了它们领地的时候，这种鸟一定会成为一种风景。它们的“外套”就像装着彩色玻璃的水晶灯塔，色彩令人眼花缭乱。

斑背燕尾

体长：25 厘米
栖息地：喜马拉雅山、印度、孟加拉国、缅甸、中国南方

斑背燕尾在冰冷的喜马拉雅山脉溪流的巨石中觅食，或在山林的水泽旁喋喋不休。这种鸟的配色主要就是黑白相间，图案炫目，羽毛形状独特，尾巴像剪刀，很漂亮。在任何喜欢冒险的观鸟者的书中，这种美丽的鸟都值得记上一笔。

鸳鸯

体长：41—49 厘米
栖息地：日本、韩国、中国、英国

鸳鸯是一种东亚鸭子，和丹顶鹤（见第 138 页）一样，在中国、韩国和日本文化中代表着爱情、忠诚和婚姻。它们一夫一妻，终生相伴。雄鸟和雌鸟看起来截然不同，雄鸟（如图）光彩夺目，而雌鸟则更为柔和。因此，在粤语中对鸳鸯的称呼经常表示“不太合拍的一对”[①]。

尽管如此，它们已经成为英国许多公园池塘和水道中相当常见的景观。这是因为它们在 20 世纪初逃离圈养地后，在这些地方定居了下来。当你看到这种令人愉悦的鸭子，你一定会感到惊奇，并陶醉其中。首先，雄鸟看起来并不真实。它们怎么能飞？背上的“帆”是为了让自己游得更快吗？那个“头盔”是为参加奥林匹克公路自行车赛设计的吗？都不是，所有这些都是为了吸引雌鸟的注意。

① “鸳鸯”在粤语中常用来指成对而彼此又各有差异的事物，如鸳鸯筷（一长一短或原本不是一双）、鸳鸯袜子（不是一对的袜子）等。

暗绿绣眼鸟

体长：10—12 厘米
栖息地：日本、韩国、中国、泰国、越南、菲律宾、夏威夷

暗绿绣眼鸟，又称 mejiro，是许多亚洲国家的本土鸟，其中包括日本。它们深受人们喜爱，数百年来一直被绘制，并装饰在艺术品中上。春天，樱花开遍日本的城乡，看暗绿绣眼鸟吸食樱花花蜜，应当是一种非凡的享受。

除了亚洲，这种美丽的鸣禽也生活在夏威夷。1929 年，人们引入暗绿绣眼鸟用于昆虫防治，它们很快成为岛上最常见的陆生鸟类，与当地的蜜旋木雀争夺食物。加油啊！

日本树莺

体长：14—15 厘米
栖息地：
　全年：日本大部分地区、菲律宾北部、夏威夷
　夏季：北海道、韩国、中国东北和中部
　冬季：中国南部（包括台湾）

这种神秘的小莺在求偶时的叫声是整个国家迎接春天的信号。很少见到，但经常听到日本树莺，或称 uguisu，在城市公园和广袤的森林中放歌。与春天关联，让日本树莺和著名的樱花一起，成为日本诗歌中的常见主题。从日本对夜莺的回应就能看出，它们是多么令人欣喜。[①]

白腹蓝鹟

体长：16—17 厘米
栖息地：
　夏季：日本、韩国、中国
　冬季：东南亚

白腹蓝鹟，又名日本鹟，在当地还被叫做魅蓝，是一种美丽的蓝白相间的小鸟。韩国和中国也有白腹蓝鹟，它们喜欢在白雪皑皑的针叶林中飞来飞去，整日捕蝇。

① 此处当指安徒生《夜莺》，故事中日本进贡给中国皇帝一只以假乱真的人造夜莺。本书作者的意思大略是日本很珍视自然界的鸟类。

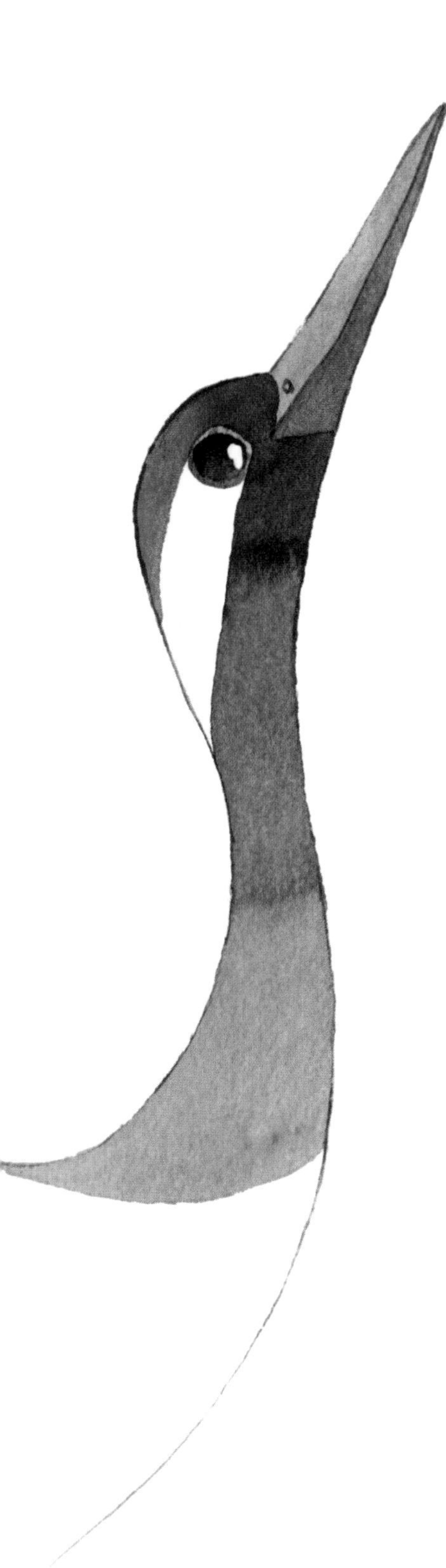

丹顶鹤

体长：150—160 厘米

栖息地：

全年：日本

夏季：西伯利亚、中国东北

冬季：韩国、中国中部

美丽的丹顶鹤是一种非常特别的鸟。它们是世界上最大的鹤之一，从喙到尾的长度约为 1.5 米，翼展可达 2.5 米。在它们的故乡中国、日本和韩国，都代表着独特的文化意味，它们被当作幸运、长寿和忠诚的象征。与忠诚产生关联是因为成对的丹顶鹤终生做伴。长寿也是一大主题——日本神话认为这种鸟可以活 1000 年。不可想象！它们优雅而美丽，善于社交互动，这也是标志性的符号。在繁殖季节尤其明显——成对的丹顶鹤会翩翩起舞，唱着如笛声般的歌曲，头向后仰，喙朝天，纵情高歌，音调渐强。

丹顶鹤是世界上濒危状态最为严重的鹤之一，栖息地的丧失是主要原因。人类世界太过侵蚀自然了。

非洲

非洲是面积第二大和人口数量第二多的大陆。非洲面积超过3000万平方千米，约占地球陆地面积的20%。

非洲大陆的地理分界线：北到地中海，东南部至印度洋，西面是大西洋，东北部至苏伊士地峡和红海。

非洲的鸟类超过2300种。从鸵鸟到火烈鸟，从琵鹭到鹳，这片大陆上的鸟能让观鸟者们徜徉一世！

小红鹳

身高：90—100 厘米
栖息地：东非大裂谷、南非、非洲西海岸、印度西北部

小红鹳名字里有“小”，是因为它们是红鹳科中身材最小的一种，但和其他鸟类相比，它们仍是一只大鸟。这些美丽的粉红色的鸟栖息在东非大裂谷的碱性大湖泊。它们有独特的黑色的喙，其中包含过滤系统，方便它们从湖泊中捕食细菌、藻类和无脊椎动物。这些食物使它们的颜色变成了粉红色。我在动物园中了解到了其中的奥秘，那里有一些贪婪的鹈鹕（鹈鹕不都很贪婪吗？）多次偷吃了火烈鸟的食物，也变成了粉红色。目前世界上有 200 万只小红鹳，但这并不意味着它们不需要保护。超过 75% 的小红鹳在坦桑尼亚的纳特龙湖繁殖。如此集中使它们变得脆弱。该湖商业价值高，环保人士担心这会影响小红鹳未来的繁殖习性。

红蛇鹈

体长：80 厘米
栖息地：撒哈拉以南非洲、伊拉克哈维则沼泽

红蛇鹈也被称为蛇鹈鸟。这种奇妙的水鸟脖颈似蛇，看起来非常险恶。它们喜欢蹲踞在红树上或潜入咸水（半咸水）中捕鱼。众所周知，红蛇鹈游泳时，头部会露在水面。就像它们的近亲鸬鹚一样，红蛇鹈的羽毛是不防水的，所以当它们返回陆地时，会把羽毛伸展开来，在阳光下晒干。这景象真令人害怕！

这种鸟在撒哈拉以南的非洲仍然很常见，还有少量曾生活在土耳其、以色列和伊拉克的湖泊和沼泽周围。可悲的是，20 世纪中叶，土耳其和以色列的红蛇鹈灭绝了，伊拉克的哈维则沼泽还有少量的红蛇鹈。

马岛小翠鸟

体长：13 厘米
栖息地：马达加斯加

马达加斯加是非洲东部一座美丽的大岛，该岛有许多特有的生物。其中许多是鸟类，如马岛蛇雕、马岛鹃隼和马岛侏秧鸡。它们都不如你眼前这种稀有的胭脂色混杂橙色的马岛小翠鸟可爱。这种鸟生活在岛上干燥的森林里，吃昆虫和青蛙。它们以残忍的方式杀死猎物——反复将猎物甩向树枝，然后吞下。跟蜜橘一般大小的鸟做出这种行为可能是你无法想象的。

南红蜂虎

体长：24—27 厘米
栖息地：
8 月至 11 月：撒哈拉以南非洲，包括津巴布韦
11 月至 3 月：南非
3 月至 8 月：赤道非洲

这位技能熟练的昆虫猎手看起来光彩照人，像被精细地喷绘过一样。当然，鸟的名字说明了一切——南红蜂虎（Southern carmine bee-eater）肯定喜欢吃蜜蜂。它们把蜜蜂甩向自己的栖木，除掉蜜蜂的刺。还有一种和它们非常相似的黄喉蜂虎，颜色也很炫目。南红蜂虎的“胭脂红（carmine）”指的是这种鸟的粉红色调。这个词语也指粉红色和红色的食用色素[1]，这种色素是由秘鲁仙人掌上的小虫子磨碎提取而成的。

① 一般称为胭脂虫红。

短冠紫蕉鹃

体长：51—54 厘米
栖息地：非洲中部的林地，包括安哥拉、博茨瓦纳、喀麦隆、刚果民主共和国、肯尼亚、卢旺达、南苏丹、坦桑尼亚、乌干达和赞比亚

这种泛着光泽、身体呈紫罗兰色、冠部呈深红色的蕉鹃，遍布非洲中部的森林。短冠紫蕉鹃常驻树冠，在树枝间跳来跳去，或展开华丽的翅膀飞行。它们一夫一妻，一起抚养孩子。幼鸟非常独立，在会飞之前就经常爬出巢，独自探索灌木丛。成熟后，它们一生中的大部分时间都在出生地点附近度过。短冠紫蕉鹃（Ross’s turaco）是以安·罗斯夫人和她的丈夫——英国探险家和海军舰长詹姆斯·克拉克·罗斯爵士的名字命名的。

王子蕉鹃

体长：40 厘米
栖息地：埃塞俄比亚南部

这种鸟和鹊一样大，呈绿黄色和罗勒绿色，拥有亚麻灰色的冠部、小巧的喙，以及像化过妆的眼部垂肉！它们是非洲最美丽和最稀有的鸟类之一。埃塞俄比亚南部特有的这种鸟（Ruspoli’s turaco）是以 19 世纪 90 年代“发现”它们的意大利探险家的名字命名的。鲁斯波利亲王射中了一只鸟，并保留了下来，用于分类研究，这是此类鸟中第一种被现代人了解到的鸟。然而，不久之后，鲁斯波利被一头大象踩死了，这只鸟的标本以一种未知的、没有信息的方式被送往意大利——后来这种鸟以亲王的名字命名。

鲸头鹳

身高：110—140 厘米
栖息地：苏丹、乌干达、刚果民主共和国、赞比亚、坦桑尼亚的沼泽和湿地

鲸头鹳看起来像一个来自黑暗时代的生物——甚至它们的拉丁学名(Balaeniceps rex)听起来像恐龙的名字[①]！鲸头鹳是一种极其丑陋的鸟，它们可以在“挑战恐惧”比赛[②]中与胡兀鹫(见第23页)对垒。这种鸟很大，身高超过1米，翼展超过2米，有巨大的鞋状喙，喙边如刀一般锋利，用来切割猎物，喙尖有钩。当鲸头鹳合拢下巴时，声音响亮，频率高，听起来就像是一把机关枪。

然而，我们不应该太过担心。这种鸟实际上与无害的（但形状也很奇怪）锤头鹳（见第152页）和鹈鹕有近亲关系。事实上，它们主要以鱼为食，所以我们应该把它们看作是为数不多的温和巨人。

---

① 此处应指其学名与霸王龙学名（Tyrannosaurus rex）中都有一个Rex一词，Rex意为君主。
② Fear factor（挑战恐惧）又名“谁敢来挑战”，是美国全国广播公司（NBC）为满足观众的猎奇心理而制作的一个真人秀节目。

非洲秃鹳

身高：120—130 厘米
栖息地：撒哈拉以南非洲的大部分地区

和鲸头鹳一样，非洲秃鹳看起来也像是从噩梦中走来的生物。它们就像一个有着瘦腿的哨兵，拥有一个怪异的喉囊和褴褛的颈部流苏。非洲秃鹳还有锋利的、杀伤力很强的喙和一张小脸，参差凌乱的头发（有点怒发冲冠的意思）。

这种鸟常出没于垃圾填埋场附近。它们是食腐动物，所以和其他“不受欢迎的家伙”混迹在一起，比如秃鹰和鬣狗，彼此之间争执，并为残渣互斗。它们可以吃任何它们遇见的东西，甚至人们认为它们可以杀死火烈鸟。不知道我有没有用最好的方式来描述它们。非洲秃鹳仍是一种神奇的鸟，翼展可以到3米以上，堪比安第斯神鹫。

食腐动物在各个生态系统中起着至关重要的作用。在疾病传播之前，它们会清理掉栖息地中任何死亡的动物。干得好！

长尾寡妇鸟

体长：19—21 厘米；尾巴长达 50 厘米
栖息地：安哥拉、肯尼亚、赞比亚、南部非洲的各自隔绝的种群居住地

很容易了解这种南部非洲大草原上神奇的鸟是如何得名的。它们穿披黑衣，像一个悲伤的寡妇，雄鸟在夏季繁殖季用迷人的尾羽自我炫耀。它们招摇着飞翔，吸引那些棕色的雌鸟近距离观察它们华丽飘逸的羽毛。不过我们要祈祷老天不要下雨——因为它们的羽毛，雄鸟不能在雨天里飞行。夏日会疯狂结束，一切又恢复了正常，雄鸟也恢复了正常的棕色条纹和短尾羽毛。它们的夏装唯一残留下来的部分就是背部的橙红色和白色条纹。

群织雀和红巧织雀

体长：
　群织雀：13 厘米
　红巧织雀：14 厘米
栖息地：
　群织雀：纳米比亚、博茨瓦纳、南非
　红巧织雀：亚热带湿地和草原

令人意想不到的是，红巧织雀（右图）和群织雀（左图）都属于织雀科。一个可能是去看芭蕾舞或参加盛大的晚宴，另一个可能是沙漠里的麻雀——你可以猜一下我各自说的是哪个！

言归正传，红巧织雀极具魅力，羽毛黑红相间，极为醒目，几乎像绒毛一样。它们是一种深受欢迎的宠物，一般被称为织雀。在野外，这种鸟非常善于交际，可以编织神奇的小巢，但无法与建筑大师群织雀相比。这个土褐色的小家伙可以造出神奇的家（上图）。群织雀一起工作，围绕一棵树或一根柱子，建造含有多重结构、复杂网络的大巢。这些鸟巢的稳定性很强，可以存续数百年，甚至还形成了属于它们自己的小型生态系统，其他鸟类和动物也在里面安家。群织雀是通力合作的建筑师。

锤头鹳

体长：47—56 厘米
栖息地：撒哈拉以南非洲、马达加斯加、阿拉伯半岛西南部

锤头鹳跟小嘴乌鸦差不多大，还是一种涉禽，它们的名字在南非荷兰语中意思是“锤头”。很容易看出原因！这是指这种鸟头奇怪的形状，尽管它们不会用头来自卫！它们仍是一种很酷的鸟。

乐园维达雀

体长：12 厘米加上长达 36 厘米的尾巴
栖息地：东非，从苏丹东部到安哥拉南部

在一年中的大部分时间里，这只麻雀大小的鸟应该被称为“脏兮兮的棕色维达雀”！只有在繁殖季，雄鸟才会显现出鲜艳的颜色，长出 36 厘米长，好像被雕刻过一样的尾羽，用来吸引雌鸟。求偶结束后，雌鸟会占据一种特殊鸟——绿翅斑腹雀的巢，然后在产卵后消失，让斑腹雀帮忙饲养幼鸟——这也是杜鹃鸟的做法。

横斑渔鸮

体长：51—63 厘米
栖息地：撒哈拉以南非洲，包括尼日利亚、冈比亚、津巴布韦、博茨瓦纳

横斑渔鸮是世界上最大、最重的猫头鹰之一——不仅仅在它们所生活的区域。这些夜行性猎手在林地湖泊和河流旁的树枝上过夜，等待鱼类（有时还有小鳄鱼！）浮出水面。然后，它们俯冲下去，用特殊的、防滑的、带鳞的爪子抓住它们，并将其杀死。也许它们不如鱼鹰那样优雅——可以在几乎不弄湿羽毛的情况下捕到鱼，但横斑渔鸮也很好地适应了捕鱼的需要。鱼听不到水面上生物的声音，所以横斑渔鸮没有其他猫头鹰拥有的平滑无声的飞行羽毛——因为不需要。它们的腿和脚也没有羽毛，所以浸泡后不会吸水。你看它们适应得多好。

短尾雕

体长：54—70 厘米
栖息地：撒哈拉以南非洲，阿拉伯半岛西南部

非洲有一些神奇的猛禽，例如白肩雕，这个庞然大物是非洲、欧洲和亚洲大部分地区最大的猛禽。虽然短尾雕没有那么可怕，但它们在非洲的部分地区仍然具有巨大的象征意义。这种鸟拥有很短的尾巴、色彩鲜艳的脸和飞行时摇曳的姿态。这些属性造就了它们的名字（bateleur），因为这个词在法语中的意思是“杂技演员”或“耍把戏的人”。这种鹰还是一个技艺高超的猎手和食腐动物——无论是否在众人面前表演！

旗翅夜鹰

体长：20 厘米外加“旗翅”，最长可达 50 厘米
栖息地：西非，从冈比亚到利比里亚；东到乌干达、南苏丹、埃塞俄比亚

这种鸟可不一般 。普通夜鹰就很不一般了，更不用说这种拥有如此华丽羽毛的旗翅夜鹰了。旗翅夜鹰实际上是以它们的“旗帜”羽毛命名的——带徽章装饰的战旗（standard）。当雄鸟挥动这些羽毛时——可以延长到 38 厘米的飞羽，看起来确实像是要开战了。然而，情况并非如此，这些羽毛在繁殖季才会长出来，成群的雄鸟在黄昏时竖起羽毛，进行炫目的盘旋飞行，看起来像是被蝙蝠追赶一样。

须拟鴷

体长：25 厘米
栖息地：西非的热带区域，从塞内加尔到中非共和国

这种须拟鴷看起来像一个被冲洗过的小型巨嘴鸟。它们生活在非洲、南美和亚洲的热带地区，是一种留鸟。它们都有大大的喙、五彩的羽毛和瞪得圆圆的眼睛。它们确实和巨嘴鸟有亲缘关系，但巨嘴鸟不像长着一副刚髯的须拟鴷这样野蛮，也没有须拟鴷锯齿状的喙，这种喙非常适合撕裂无花果等水果和昆虫。须拟鴷也用喙挖开柔软的枯树筑巢，甚至会无耻地占据啄木鸟的巢穴。

非洲鸵鸟

身高：275 厘米

栖息地：毛里塔尼亚、马里、尼日尔、乍得、苏丹、肯尼亚、坦桑尼亚、纳米比亚、津巴布韦、博茨瓦纳

鸵鸟真的很大，让我们一起来看看吧！非洲鸵鸟是世界上最大的鸟，它们不会飞，长着超级柔软的羽毛，所以当非洲鸵鸟蹲下躲避捕食者时，就像摇摆的长草。它们拥有陆栖动物中最大的眼睛。它们是世界上跑得最快的双足生物，百米冲刺仅需 7 秒钟的时间。

鸵鸟可以轻而易举地踢死一个人，砰！它们产下巨大的鸟蛋，一颗鸵鸟蛋相当于两打鸡蛋。但论蛋与体型的比例，它们又是最小的。它们有 3 个胃。

呼——太不可思议了！

鹭鹰

身高：130 厘米
栖息地：撒哈拉以南非洲

鹭鹰看起来很独特——它们似乎有鹰的头、鹤的长腿、鹮的羽尖、呈黑色的大翅膀和一顶奇怪的羽毛头冠，最后一个特征让它们看起来和耳挂鹅毛笔的老派文书没什么两样。

它们只生活在撒哈拉沙漠以南的草原上，用脚就可以杀死哺乳动物、鸟类、蜥蜴和蛇！它们致命的爪子拥有的巨大力量可达到鸟自身体重的 5 倍。鹭鹰也是一名训练有素的短跑选手，这有助于其徒步捕猎。它们可以飞（像苍鹭一样把腿拖在身后），但当它们能以超高速跑动时，就不需要动用它们在空中的能力了。

鹭鹰对蛇情有独钟，其拉丁学名（Sagittarius serpentarius）就反映了这一点——指的是两个星座，前一个指的是射手座（射蛇），后一个是蛇夫座（猎蛇者）。

图书在版编目（CIP）数据

神奇的鸟类 /（英）马特·休厄尔著 ; 冯康乐译
. -- 北京 : 北京联合出版公司, 2020.7
ISBN 978-7-5596-4189-2

Ⅰ. ①神… Ⅱ. ①马… ②冯… Ⅲ. ①鸟类－普及读
物 Ⅳ. ①Q959.7-49

中国版本图书馆 CIP 数据核字（2020）第 061039 号

神奇的鸟类

作　　者：（英）马特·休厄尔
译　　者：冯康乐
责任编辑：郑晓斌　徐　樟
特约编辑：门淑敏
封面设计：高巧玲

北京联合出版公司出版
（北京市西城区德外大街 83 号楼 9 层　100088）
北京联合天畅文化传播公司发行
北京美图印务有限公司印刷　新华书店经销
字数 100 千字　787 毫米 ×1092 毫米　1/8　20 印张
2020 年 7 月第 1 版　2020 年 7 月第 1 次印刷
ISBN 978-7-5596-4189-2
定价：128.00 元